U0224158

清华同衡系列专著

蓝绿交织
山水融城

——城市水景观规划设计理论、方法与案例

胡洁　韩毅　编著

中国建筑工业出版社

本书编辑委员会

主　编　胡　洁

副主编　韩　毅

编　委（排名不分先后）

朱晨东　安友丰　何伟嘉　梁伊任　冯利芳　刘海龙

参编人员（排名不分先后）

吕璐珊　王晓阳　刘红滨　郑　越　吴　红　马　娱　贾培义　王　鹏

宋如意　吕晓芳　郭　湧　张作龙　刘　晶　李加忠　梁　晨　刘芳菲

谢麟东　岳佳颖　沈　丹　梅　娟　刘志芬　张　艳　卢碧涵　崔亚楠

张　凡　蔡丽红　梁尧钦　单琳娜　张　磊　蔡婷婷　范　汉　刘　静

李金晨　杨展展　曾宇欣　张峻珩　侯　芳　张　洁　吴祥艳　陈吉妮

何　苗　任　洁　王成业　李慧珍　曹　然　刘　悦　刘欣婷　李　伟

孙建宇　陈　倩　潘芙蓉　侯　伟　李五妍　周晓男　王胜利　王　婧

谷丽蓉　胡子威　王吉尧　陈　晨　常广隶　刘　辉　储　楚　梁斯佳

孙嘉渊

宋肖肖（北京中元工程设计顾问有限公司）

张丹明　颉赫男　孙宵铭　赵婷婷　杨冬冬　孙　媛　林国玄　周　玥

初璟然　盛　浩（清华大学建筑学院景观学系）

吴　竑（美国宾州州立大学景观建筑学系，助理教授）

特别感谢

北京清华同衡规划设计研究院总工办

北京清华同衡规划设计研究院科研与信息中心

前言

　　进入 21 世纪，中国城镇化这首宏大交响乐开启了新的乐章。在党的
"十七大"报告首提"生态文明"、"十八大"报告首次单篇提出建设"生
态文明"之后，"美丽中国"作为生态文明建设的宏伟目标成为中国城镇
化新乐章的主旋律，"望得见山、看得见水、记得住乡愁"，"绿水青山就
是金山银山"，"山水林田湖草生命共同体"，这些代表生态文明丰富内
涵的话语成为中国城镇化的最强音，接踵而来的"美丽乡村"、"海绵城
市"、"存量规划"、"生态红线"、"供给侧结构性改革"、"城市双修"
等一系列城镇化新热点，仿如八音迭奏的各类乐器，围绕着主旋律奏响和
谐欢快的新型城镇化伟大乐章。

　　那么，作为中国 21 世纪城镇化交响乐队中的一员，风景园林专业的
定位与作用是什么，风景园林师该如何适应新时代的要求呢？回答这个问
题，可以从近 30 年风景园林专业发展过程中的三件大事里寻找答案。

　　第一件事是 33 年前，时任中国科协主席的钱学森院士，在 1984 年
第一期《城市规划》中刊文《园林艺术是我国创立的独特艺术部门》，文
中提出"应该用园林艺术来提高城市环境质量，要表现中国的高度文明，
不同于世界其他国家的文明，这是社会主义精神文明建设的大事"。1990
年 7 月，钱老针对中国快速城镇化初期出现的问题，在给吴良镛院士的一
封信中提出，"能不能把中国的山水诗词、中国古典园林建筑和中国的山
水画融合在一起，创立'山水城市'的概念？"。钱老对城市科学的复杂
性认识深刻，对中国园林的文化价值推崇备至，提出"山水城市"思想，
指出了风景园林专业在城镇化规划设计工作中的重要职责。

　　第二件事是 2001 年，在《人居环境科学导论》一书中，吴良镛院士
基于多年的理论思考和建设实践，提出人居环境科学的概念。在人居环境
科学的学科体系研究中，吴良镛院士将"建筑、地景和城市规划"三位一

体，构成人居环境科学的大系统中的"主导专业"，这里所说的地景，也不仅指传统的公园和城市绿地，而且包括在城市化进程中的大地园林化建设与自然保护区的划定。由于吴良镛院士在建筑和城市规划领域取得的卓越贡献，他在2012年2月14日，荣获2011年度国家最高科学技术奖。

第三件事是2011年风景园林专业由二级学科上升为一级学科。在学科升级申报报告中，明确了风景园林学的学科定义，以及在工业文明时期的新使命。"风景园林学（Landscape Architecture）"是规划、设计、保护、建设和管理户外自然和人工境域的学科。"其核心内容是户外空间营造，根本使命是协调人和自然之间的关系"。从学科发展层面看，19世纪中叶以前，园林（Gardens）作为一种知识和训练，与建筑和园艺（Horticulture）联系紧密；奥姆斯特德建立的风景园林学科（Landscape Architecture），使风景园林学成为既独立于建筑，也独立于园艺之外的专门知识体系和专业训练，服务了工业文明下社会新的需求。目前，风景园林学科的研究和实践范围覆盖不同尺度，服务对象覆盖不同人群，甚至扩展到对野生动植物的保护。其学科外延涵盖到绿色基础设施、自然遗产、文化景观、保护性用地、旅游与游憩空间等规划、设计、建设与管理，以及城市绿地生态功能的研究与评价，医疗康复环境的设计、建设与管理等全新的领域。

在过去的30多年时间里，我国科学界从复杂的城市科学系统、人居环境学和世界风景园林行业发展等方面进行了深入的研究与探索，确立了风景园林专业的地位和内容，为风景园林专业迎接生态文明和美丽中国建设的新时代，做好了学科教育、工作方法、思想和理论准备。本书所讲述的规划实践正值中国新城建设的高潮期和风景园林专业定位研究的成熟期，依托清华大学这一多学科教育与实践平台，我们以城市尺度的风景园林规划实践为主体，探索了新时期风景园林规划设计的理论、方法与新技术应用，这是本书的学术价值和历史价值所在。本书选择"水景观"作为主题有两点原因：第一，因为水被称为"生命之源，生态之基，生产之要"，水在人居环境中的重要性无需赘言。第二个原因是我国过去三十多年的快速城镇化造成了非常严重的城市水问题，引起了国家和社会的高度关注，如何解决复杂的城市水生态问题，是21世纪中国城镇生态文明建设的难点，风景园林专业对此责无旁贷。本书所讲的"水景观"有四个方面的含义：第一是指以水为主体的优美自然景物的利用；第二是以水为主体的人工景观的营造；第三还包含以水为主体的生态问题的解决；第四用

"景观"这两个字表明以风景园林专业为主导的规划设计。介绍的内容中既有规划层面的工作，也有场地的细部设计和建成效果展示，可满足风景园林师多层次学习与交流的需要，亦可为城市水景观建设的企业及政府管理部门提供工作参考。

本书的内容可大体分为两个部分：第一部分是城市水景观规划设计的理论探索，主要内容是来自涉水规划设计不同领域的专家，从不同的专业角度、不同的实践经历谈城市水景观的规划设计。北京清华同衡规划院副院长、风景园林中心主任胡洁从中国古代哲学对人居环境的影响和中国传统山水文化传承的角度谈当代城市水景观规划；清华大学景观学系刘海龙教授从景观水文学的科学体系及校园海绵城市实践的视角谈城市水景观；北京市水务局前总工朱晨东先生从中国生态治河发展历程谈城市水景观；市政排水专家、北京中元市政的总工何伟嘉从奥林匹克森林公园生态雨水系统及某湖滨地产的分散式污水处理与景观结合的实践谈城市水景观；北京清华同衡规划院风景园林中心山水所主任工程师韩毅整理了《园冶》中的雨洪管理规划理论，并总结了近十年城市水景观规划的主要工作方法。本书的第二部分是近二十个水景观规划项目的实践介绍，这些项目被分成五种类型，包括城市客厅、城市滨河公园、大型绿地、城市水系和生态修复绿地。在这些实践项目中，介绍了一些在与水利专业配合时常见的错误，还加入了一些重要的水利基础知识，既包括自然水文知识，又有河流风水美学、古代城市水系及我国当代河道管理方面的知识。

最后，非常感谢前辈科学家们在中国快速城镇化初期对风景园林专业科学定位的努力探索，对学科升级的积极争取，使得我们这一代风景园林师能够及时认准21世纪的专业发展方向。希望我们过去十多年积累的城市水景观规划设计经验，能成为年轻风景园林师进步的台阶，还可以为后人研究中国快速城镇化提供历史资料。本书能够顺利付梓要感谢图书参编者们在近三年的工作时间里对本书编写投入的精力，感谢北京清华同衡规划院总工办及科技信息中心领导在图书出版前对本书的关键性指导及资金支持，最后要特殊感谢北京市水务局前总工朱晨东先生的积极参与和对本书编写的大力支持，使这本书从一个风景园林专业的建成项目集，转变成为多专业交流的参考书，体现了习近平总书记倡导的"创新，协同，绿色，开放，共享"的发展理念。限于作者的专业水平和仓促的编写时间，文中难免有疏漏错误之处，请大家谅解，并欢迎指正。

目录

大型城市绿地水系景观规划设计

城市水系景观规划设计

生态修复绿地水系景观规划设计

城市水景观规划设计
的理论探索

上善若水，天人共荣

——城市水景观规划设计探索

胡　洁

随着城市化进程的快速推进，中国的城市化在给人们带来诸多便利的同时，也带来原始生态系统萎缩、污染及灾害增多等一系列严重的环境问题，城市水生态系统恶化是其中倍受关注的一个方面。孟庆义、欧阳志云等生态学家在对北京市水生态效益的评估中计算，北京市 2008 年水生态服务价值高达 2870.73 亿元，其中文化服务功能产生的价值占 60.95%[1]，这一估算从经济角度帮助人们理解大都市中水景观的重要性，而这一价值的实现，离不开优秀的规划设计。过去十多年，钱学森先生提出的"山水城市"理念，对我们的城市水景观规划实践起到重要的指导作用，因此在总结我们的实践经验时，首先从"山水城市"的理念谈起。

1　"山水城市"理念发展

中国著名科学家、航天事业奠基人钱学森先生非常关心中国城市科学，也非常关注中国园林学。他受大型皇家园林、中国山水画艺术的启发，曾经提出过"山水城市"理念，为即将进入快速发展期的中国城镇化出谋划策。1958 年 3 月 1 日，钱学森先生在《人民日报》上发表了《不到园林，怎知春色如许——谈园林学》一文，认识到"我国的园林学是祖国文化遗产里的一颗明珠"，他用中国的山水画来比较园林艺术，感叹其妙造自然的魅力。1990 年 7 月 31 日钱老在给吴良镛先生的信中明确指出"能不能把中国的山水诗词、中国古典园林和中国的山水画融合在一起，创立'山水城市'的概念？"。1992 年 10 月钱老收到《奔向 21 世纪的中国城市——

图1　满目灰黄的北京朝阳CBD（摄于四惠桥，2009年09月）

城市科学纵横谈》一书后，再次表达了他对社会主义中国建设"山水城市"的迫切愿望，他说："现在我看到，北京兴起的一座座方形高楼，外表如积木块，进去到房间则外望一片灰黄，见不到绿色，连一点点蓝天也淡淡无光。难道这是中国21世纪的城市吗？[2]（图1）"。

在同一时期，中国国家科学成就最高奖得主吴良镛院士在其《人居环境科学导论》一书中，以人居环境为整体，将建筑、园林、城市规划三专业作为核心，从社会、经济、工程技术等多方面，全面、系统、综合地对城镇规划中"山 – 水 – 城 – 人"关系的构筑进行了论述（图2、图3）。他认为："中国传统城市中，山水常作为构成城市的要素，因势利导，形成各个富有特色的城市构图。如能将城市依山水而构图，把连片的大城市化成为若干组团，形成保持有机尺度的'山 – 水 – 城'群体，则城市将重现山水景观的活力。"[3]

在2013年的中央城镇化工作会议的报告中有一段话："城镇建设，要依托现有山水脉络等独特风光，让城市融入大自然，让居民望得见山、看得见水、记得住乡愁"。这是在生态文明时代，党和国家政府对中国"山水城市文化"的全新诠释，"山水"两个字不单纯是生态科学的代称，其背后拥有浓厚的中华文化内涵，需要我们深入学习其思想根源。

2 山水城市文化溯源

2.1 中国的山水文化

中国的山水文化，溯其根源，来自于人们对于美丽自然的钟情与神往。华夏先人在远古的神话中便勾勒出一个位于昆仑山和东海蓬莱岛上的"仙境"，这是一个美丽富饶、没有死亡和病痛的地方，这里有琼楼玉宇和各种奇珍异兽，还有万能的神仙。从最早的文字记载来看，远古时期的自然崇拜便已经十分普遍。而山和水作为大自然的代表，逐渐成为寄托人们精神和心理祈求的最主要的祭祀对象[4]（图4、图5）。

在普遍的自然崇拜中，先秦诞生了朴素的自然哲学，许多思想家、隐士等都对人与自然的关系进行了解析。如老子提出"人法地，地法天，天法道，道法自然"，庄子认为"天地与我并生，万物与我为一"。另外，孔子的君子"比德"思想，将自然山水之美与君子之德作比拟，如"仁者乐山，智者乐水"，"海纳百川，有容乃大"等名句之中，蕴含着以自然之美育化人精神之美的理想追求。

这些哲学思想对后世人与自然关系的认知发展产生了很大影响，奠定了山水艺术创作的基础。自魏晋南北朝时起，自然山水开始成为人们独立的审美对象[5]（图6），经过数个世纪的发展，孕育出独树一帜的中国山水美学、山水文学、山水绘画、风景建设以及造园艺术。单就造园而言，无论皇家或是私家园林，均体现了将居住环境和自然山水巧妙地融合在一起的哲学思想。

2.2 中国古代城市的山水观

《管子·乘马》篇中提到："凡立国都，非于大山之下，必于广川之上，高毋近旱而水用足，下毋近水而沟防省。因天材，就地利，故城郭不必中规矩，道路不必中准绳"。中国古代城市营建中"因天材，就地利"的思想贯穿我国四千多年的城市建设历史，比如战国时的齐都，择牛稷二山之北，淄系二水之间地势高敞处而兴；再如元大都和明清北京城，择永定河冲积扇之脊部而建；这样的选址既便于城市用水，又避过了频繁水患，充分体现了因地制宜之水生态智慧。又比如南宋都城临安（图7），其选址时将皇宫置于凤凰山东麓，一方面可避开钱塘江水患，另一方面在风水上又占最吉祥的东南方位。皇宫东南向可观钱塘江大潮，西北向则可将群山环绕西湖的景色一览无

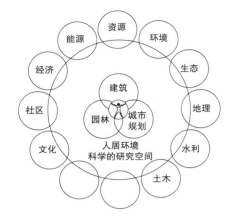

图2 人居环境学科体系构想图

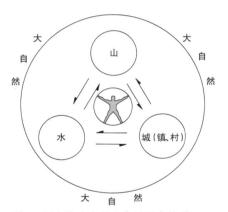

图3 以人为中心的山水城融合关系

图 4　汉代铜香炉　　　　　　　　　　　　　　　　　　图 5　汉代山形香炉
（图片来源：《中国记忆：五千年文明瑰宝》，2008 年，香炉上面雕刻着居住在山里的神仙，
反映出古人对大山的神秘崇拜）

余，实为一处即符合防洪安全，军事防御安全，同时又兼具优美风景的城市规划，是我国古人将城市与山水有机相依的又一处经典案例[6]。

　　古人建城不仅慎重选址，还积极地创造安全舒适的城市生活环境。建在平原上的高密度的方形城市，经常容纳几十万甚至上百万人口，必须妥善解决空气污染、污水排放、内涝、酷暑、防火等环境安全问题。于是古人在城市中修建河道水网、挖湖堆山，利用"人造自然山水"元素，创建城市内部的"生态基础设施"。这些蓝绿设施的修建通常结合休闲游憩功能，赋予优美的园林化环境形态。明清北京城及西北郊皇家园林群的营建是古人这一生态智慧的最好例证，封建帝王以"移天缩地于君怀"的宏大构思，在城市中心人工堆筑起景山、琼华岛（始建于辽代）及白塔，"平地起蓬瀛，城市而林壑"，与西山水脉相连，视线相通，构筑出一条"银锭观山"的绝佳视廊（图 8）。此外，西北郊"三山五园"皇家园林群的营建，包括对于颐和园昆明湖及瓮山形态的修整，均体现了蓝绿生态基础设施与城市进行整体风景园林规划设计的特点。而北京古城在城市中心留出大面积绿地的规划设计方法，比奥姆斯特德设计的美国纽约中央公园要早 600 多年。

　　谈中国古代城市的山水观，不能不谈中国独特的"风水学"，中国古

图 6 （清 袁耀）蓬莱仙境图（图片来源：《袁江袁耀画集》，天津人民美术出版社，2005 年）

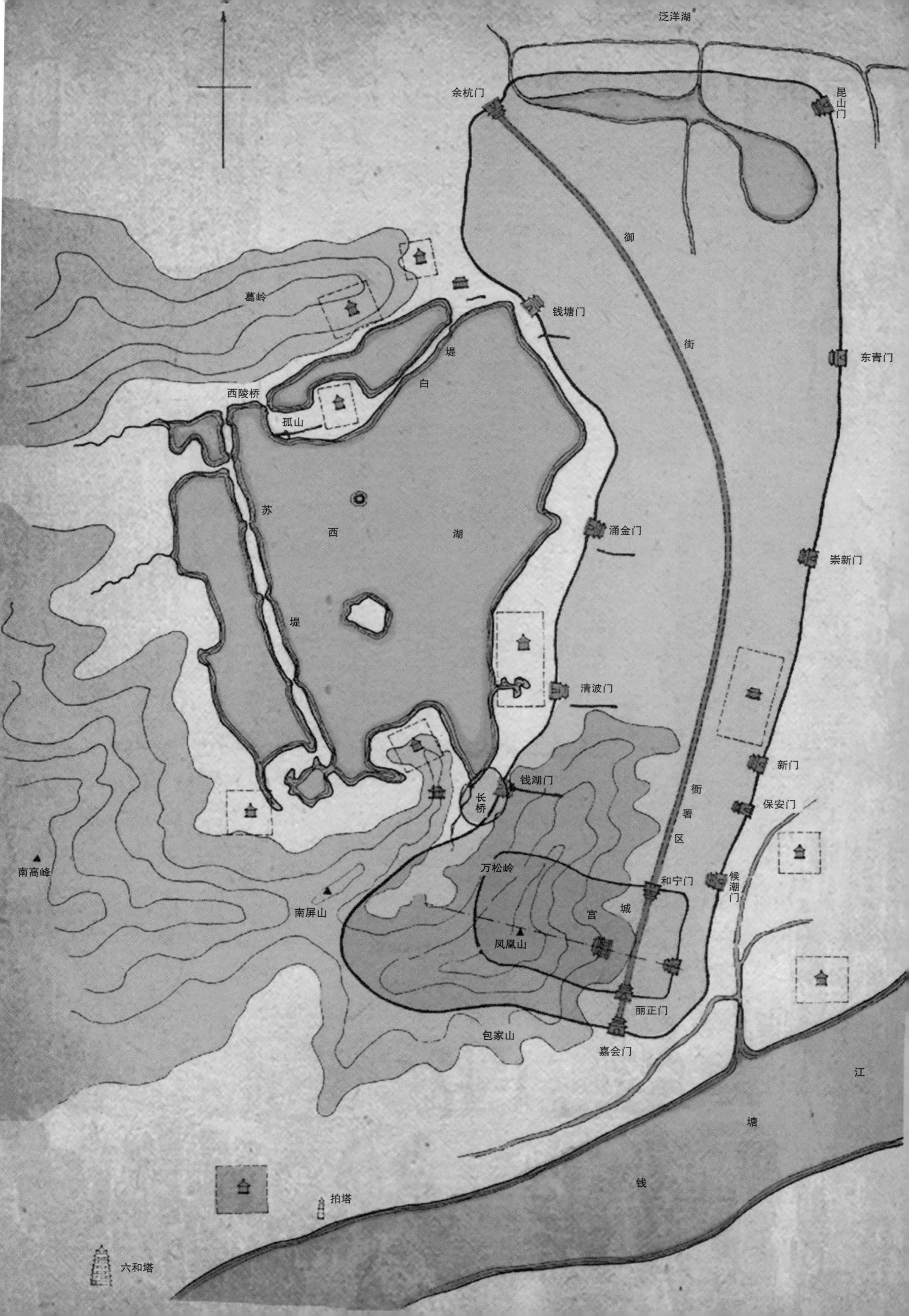

图 7 南宋·临安平面示意图及宫苑分布（图片来源：王鹏摹自《中国古典园林史》，周维权著，2008 年）

泛洋湖

昆山门

余杭门

御

街

东青门

钱塘门

葛岭

堤

白

西陵桥

孤山

崇新门

苏

西　湖

堤

涌金门

衙

署

区

清波门

新门

保安门

钱湖门

长桥

候潮门

万松岭

和宁门

城

南高峰

宫

南屏山

凤凰山

丽正门

包家山

嘉会门

江

钱

塘

拍塔

六和塔

图 8　北京故宫及西苑鸟瞰（摄于 2009 年 10 月）

代城市、乡镇、村庄几乎处处都蕴含了传统风水思想。风水理论源自上古的阴阳、五行及八卦学说，其利害关系的判断源于对自然界各种现象的复杂因果关系，其哲学根基仍为"天人合一"的哲学思想，人不逆天而行，而应借势顺天而生，与自然变化保持动态的稳定关系。尽管风水学中夹杂着迷信思想，但是"风水学"中强调保护自然山水脉络的思想，客观上保护了中国古代人居生态系统[7]。

"风水学"对古代城市的空间美学产生重要的影响，根据道家"万物负阴而抱阳，冲气以为和"（《老子·四十二章》）的观点，中国古城营建非常重视城市的山水环抱关系，以确保天地交合之气能存留在城市中，不断生发活力。城市周边的山峰还经常被赋予特殊的象征意义，城市北面的山被认为是"靠山"，是"真龙"的余脉，城市南面的山被认为是"朝拜之山"，显示出城市地位尊贵，乃"真龙之穴"。秦时的咸阳宫可谓注重山水方位的最早期范例之一。始皇帝将南面的秦岭和终南山，东面的骊山和北山山体以及渭水都作为宫殿设计的元素，并有"表南山之巅以为阙"之意，将正南方终南山的两处高峰视为宫殿门阙，充分体现了"体象天地"的规划理念[6]（图9）。

3 "景水共荣"的中国古代水利工程

中国疆域辽阔，气候多样，土地类型可概括为七山一水二分田。华夏先民在山水之间的河谷平原和大河冲积平原上发展了对自然节气变化依赖性极强的农耕文明。由于东亚大陆以季风性气候为主，降雨特征为年际不均衡、年内不均衡、雨强不均匀，很多地区经常两三场雨就降完全年70%左右的雨量，这就形成了"旱（缺水）、洪（河洪）、涝（水多）、渍（盐碱）、徙（大河改道）"五大水患。然而，水又是生产生活必需的资源，水域的自然之美及人类亲水的天性，使得城乡河湖水域不仅成为人们生产经营的场所，也成为人们休闲娱乐、祛病攘灾的生活场所。因此，古人提出治国先治水，治水必须既要考虑除害，也要考虑如何兴利，其中就包括水利工程的游憩价值的开发。在我国古代，水利工程与景观工程相伴相生，共存共荣的现象非常普遍，其成因大抵有以下五点：

第一，天然河湖原本就是人们生产生活和休闲游憩紧密结合的场所。这些天然水域兴修水利时，改善了外部交通条件，渔业生产和水利管理使人口向水岸聚集，久而久之，游憩服务设施就会被社会各界自发地修建起来。

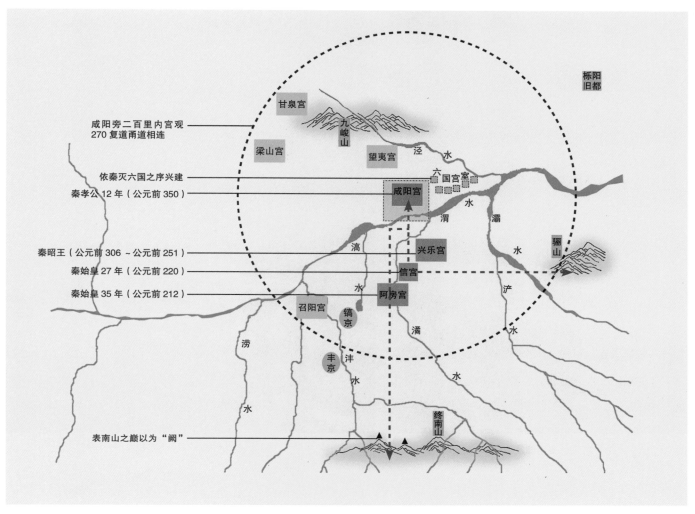

图 9　秦·咸阳城山水关系示意图（图片来源：王鹏摹自《中国古代城市规划史》，贺业钜著，1996 年）

　　第二，中国古代地方官员大多具有极高的文学与艺术修养，在兴修或维护水利工程之时，非常重视与游憩功能统筹设计。除此之外，地方乡绅亦多雅好山水之人，这些人纷纷沿着河湖修建游览步道、亭台楼阁、别墅公馆，每年雅集于河湖之畔，吟诗作画，使得水利工程之外又平添些许风韵佳话。另外，靠近河湖修建的佛道教寺观以及龙王庙水神的崇拜，也会吸引大量的百姓聚集到水滨。于是，城内城外的河畔湖泊等地慢慢就演变成社会各阶层共享的风景区，比如，杭州的西湖就是在退海围湖的水利工程基础上形成的风景名胜区，李冰开挖的都江堰二郎庙香火极盛，后来其所在的青城山发展成为道教圣地，这些都是水利工程与文化发展交相辉映的经典案例，国内这样的例子还有很多。

图 10　颐和园昆明湖是个多功能复合的水利工程（摄于 2009 年 10 月）

　　第三，皇家园林的修建也多依托大型水库而建（图 10），在满足皇家游览、办公使用之余，还为地方的防洪防涝和农业灌溉创造了更好的条件。比如北京的"三山五园"地区的皇家园林群，其水系就具有城市上游的蓄洪、分洪及农田灌溉调蓄水库等功能。据说当年乾隆还在颐和园的昆明湖上进行过水军演练，来接待蒙古族厄鲁特部的来使。

　　第四，漕运河道的修建不仅为城市带来了货运的便利，也带来了方便舒适的旅游交通条件，沿着运河两岸往往是城市最具活力和魅力的地带。城市运河两岸富商巨贾云集，文人骚客汇聚，带来了当地园林业的繁荣，比如苏州、杭州和扬州都是著名的运河城市，也是中国明清时期园林营造水平最高的城市。

第五，中国古代城市内的水网密度和湖沼数量比今天的城市要发达，其中诸多私家园林水系还兼具城市防涝功能。古代城市内的园林湖沼分散在城市各处，平时从外壕引水，汛期则以闸门隔断，待内园水满之后，才由下水将雨水排出。将防涝与园林水系结合在一起，是古人高效利用土地，改善生活品质，提高城市抗冲击能力的智慧之举。在明代计成所著的《园冶》中，讲述了城市造园引水排水与城市水系的关系，提出了"3∶3∶4"的用地原则，其中水域和绿地各占三成，各类建设用地占40%，这是他对江南地区水文条件下用地匹配经验的归纳[8]。

4 城市水景观规划实践

4.1 中国当代城市的山水失位

人类在进入工业革命以来，通过释放科技和资本的力量，在不到300年的时间里实现了人口爆炸，同时也实现了人口的城镇化，到21世纪初，全球有将近一半的人口是城市人口。而中国的人口增长速度是最快的，到2011年底，有大约7亿常住城镇人口（中国城市人口第一次超过农村人口），比1978年多了5亿多人口，经济总量也超过日本成为第二大经济体，中国城镇化的成就史无前例。但是在经济和生活水平提高之后，却发现建出来的城市是"千城一面"的混凝土森林，自然山水淹没在高楼大厦之中（图11）。有学者如此总结过去30多年的城镇化，我国的城镇化是"挤出来的城镇化"（高密度）、"染出来的城镇化"（高污染）、"耗出来的城镇化"，我国的城市水生态系统亦存在缺水、污染、生境恶化、滨水区景观品质低劣等诸多问题。"山水失位"是我们对过去城镇化出现问题的概括之词，其含义包括生态、文化两个方面内容。很多城市对已经出现的水生态问题有所认识，开始接受传统山水文化，结合人民大众新的生活方式和社会环境，重新构架整体性、系统性更强的水绿交织在一起的城市水景观系统。下面简要介绍六个典型项目，使读者对城市尺度风景园林规划项目的类型和我们在"山水城市"理念指导下的实践有一个初步的了解，在本书的第二部分将会有更多更为详细的内容介绍。

图 11　从西苑三海远眺朝阳 CBD（摄于 2009 年 10 月），古代城市山水城比例协调，而今天的城市只见高楼林立，不见山水绿地

4.2 城市水景观规划实践

4.2.1 北京奥林匹克森林公园水系景观规划设计——北京古城北中轴上的龙形水系

北京奥运公园（Beijing Olympic Green）位于北京古城正北方的北中轴延长线上。该公园按功能分成南北两部分，北部是北京奥林匹克森林公园（简称北京奥森公园），总面积 6.8km²，南部为以奥运场馆为主的奥运中心区。在空中看，一条"龙形水带"将南北两个地块联系在一起，与人工堆筑在中轴线上的"仰山"一起代表中国的"山水文化"，表达了"通往自然的轴线"这一风景园林总体规划理念。在山水文化之外，水景观的

图12　从北京奥林匹克森林公园回望北京中轴线（摄于 2008 年 10 月）

设计工作还包括四个方面的专业设计内容。第一个是水系运行与维护管理，内容是水量及水质保证的规划。通过先进的水环境模拟模型分析利用再生水作为主要补充水源的可行性，采用了人工湿地生物净化技术和智能化管理等新技术，构建了经济安全的水系循环管理体制；第二个内容是雨洪管理，北京奥森公园建成后成为北京"海绵城市"培训指定考察点；第三个内容是水生态恢复，北京奥森公园建成后专门进行了生物多样性调查来检验当年设计的效果；最后一个是水上游憩功能的规划。北京奥森公园南园水系是主要的水上游乐区，喷泉、游船、垂钓、水上茶餐厅等常规设施齐全（图12）。

图 13　唐山南湖公园鸟瞰（摄于 2012 年 10 月）

4.2.2 唐山南湖公园水系景观规划设计
—— 采煤塌陷区涅槃　重生成瑶池御苑

在 2008 年，唐山市总体规划决定向南发展，建设南湖生态城。南湖生态城现状用地内约有 10km² 为采煤塌陷区、垃圾堆放场和地震断裂带，总体规划将其定位为城市生态绿心。在规划用地现场，可以看到高达 56m 的垃圾山，大片的煤矸石堆，面积以平方公里计的采煤塌陷坑，城市废水和污水被排到这里，与垃圾山的溢出液混合在一起，空气中弥漫着刺鼻的臭气，很多居民仍然居住在地震断裂带和塌陷区内的危改房和棚户区里。

风景园林规划团队通过精细的生态安全分析，提出了土地利用及绿地系统规划格局，城市设计团队在此基础上完成新老城的交通连接和开发地

块性质的确定，与风景园林师一起协作，勾绘出大南湖滨水区的城市空间形态。南湖公园采取分级蓄水的方式，将塌陷坑变成了蓄水量达 1000 万 m³ 的大型水库，通过连通渠与唐山市的陡河、青龙河连通在一起，将城市的中水、雨水及采煤疏干水蓄积起来用于灌溉及园林水景。南湖公园的水景观建设为城市水系的整体循环、提升城市防涝水平并构建连续的城市慢行系统提供了有利条件。接下来的南湖公园风景园林设计可用"化腐朽为神奇"来形容，露天堆放的垃圾山经市政工程师与风景园林师的合作处理后，摇身一变为凤凰台；四处堆放的煤矸石变成公园筑路筑岛的材料；采用石笼柳木桩和枝丫条捆技术解决沉降不稳定的湖岸，意外的是这些柳木桩第二年居然长出了柳树枝，使护岸更生态更美观；10km² 的城市棕地和废地，仅经过一年的建设就实现凤凰涅槃，重生为城市的生态核心，以瑶池御苑般的美丽风景重新出现在市民眼前（图 13）。

图 14　从莲花湖北岸回望凤冠山（摄于 2008 年 10 月）

图 15　辽阳太子河衍秀公园建设后鸟瞰（摄于 2013 年 06 月）

4.2.3 铁岭凡河新城水系风景园林规划设计
—— 以水为中轴的北方湿地之城

在理论上，低洼地不是城市建设最好的选择，但是对营造城市水景观而言却不一定是坏事。中华人民共和国成立前凡河两岸曾是大片荷花荡，中华人民共和国成立后通过人工排水改造成稻田地，并建多个中小型平原水库。凡河新区规划因地制宜，提出建设北方湿地之城的目标，其标志就是将46km²的土地重新恢复为湿地，目前已有约15km²的农田退耕还湿。新区设计最富创意的是"水中轴"规划，不仅为莲花湖湿地引来水源，也在城市内部引入活力之水，如意湖、凤冠山和商业广场在天水河的串联之下，形成一条集绿道、商业、休闲与文旅等多功能为一体的城市中轴线，最终形成了"两条碧水穿城过、十里湖山尽入城"的特色山水城市（图14）。

4.2.4 辽阳太子河衍秀公园风景园林规划设计
—— 低影响的河滩公园设计

一度被当成排污渠和垃圾场的城市河道，现纷纷转变为带动地产发展的"蓝色脊梁"。辽阳市跨过太子河发展，使得宽约500m的河道滩地景观价值大幅提升，衍秀公园是滨河绿地中的一个节点。遵循"低影响设计"的理念，公园设计首先保证行洪滩地在洪水冲刷中能保持岸线稳定，然后为市民提供舒适安全的游憩空间。设计充分利用了现状采砂坑、巡河路及老杨树，通过二、三级路网的编织，以最小的代价、最快的恢复速度，创造了富有变化的空间体验和多样化的生物栖息地。当地公园管理者还充分利用了保留下来的坑塘，用作冬季冰上运动场地，使得衍秀公园一年四季都可服务于周边社区（图15）。

图 16　葫芦岛月亮河河口及龙湾广场鸟瞰（摄于 2012 年 10 月）

图 17　赤峰西山风景区海苏沟鸟瞰（摄于 2012 年 08 月）

4.2.5 葫芦岛市月亮河绿地风景园林规划设计
——山海城人一水间

葫芦岛市龙湾中央商务区的月亮河是一条 10 余米宽，独流入海的小溪，过去这类河流的命运通常是被埋到道路下面，而今天却成为中央商务区联系山海的生态廊道，不仅使人们可以沿河在山 – 海 – 城之间自由漫步，还提高了城市防洪涝能力，丰富了生物栖息地（图 16）。

4.2.6 赤峰西山风景区风景园林规划设计
—— 旱地荒丘的生态修复

赤峰市位于我国北方农牧交错地区，森林破坏严重，环城地区满目秃山，这样的城郊环境不利于城市防风、防洪和用水安全。赤峰西山风景区规划项目与其说是风景区规划，倒不如说成是生态修复规划及旅游项目策划，利用航拍和 GIS 技术，结合生态修复理论，我们对用地的生态修复措施进行了详细的分析与设计。希望通过若干代人的努力，规划区中部那条被称为海苏沟的干河沟能够重新变成清水长流的河道（图 17）。

5. 结语：上善若水，天人共荣

水是众生之宗室，万物赖之以生存。惟有善治水者，才能得水之美；不善治水者，必为水所害。中国城市营建跨越了近五千年的历史，在"天人合一"哲学思想的影响下，自然山水、水利工程、各类建筑和风景园林，在古代劳动人民的手中化为一个整体，努力追求天 – 地 – 城 – 人整体和谐、共生共荣的至高境界，这是我们今天从事城市水景观规划设计需要认真学习的地方。今天的风景园林师，告别了欣赏园艺和为封建主贵族阶层服务的时代，而是以百万千万人聚居的城市为重点工作对象，需要解决的环境问题更加复杂，形成了生态恢复、城市修补以及绿色基础设施营建等方面新的专业职责。城市水景观规划作为其中的一项内容，如何在中国当代城镇化背景下理解"上善若水"，如何实现"天人共荣"的规划目标，仍需要进行更加深入的实践与探索。

参考文献

[1] 孟庆义，欧阳志云，马东春，等 . 北京水生态服务功能与价值 [M]. 北京：科学出版社，2012.

[2] 鲍世行，顾孟潮 . 钱学森论山水城市与建筑科学 [M]. 北京：中国建筑工业出版社，1994.

[3] 吴良镛 . 人居环境科学导论 [M]. 北京：中国建筑工业出版社，2001.

[4] 首都博物馆 . 中国记忆：五千年文明瑰宝 [M]. 北京：文物出版社，2008.

[5]（清）袁江，（清）袁耀 . 袁江袁耀画集 [M]. 北京：北京工艺美术出版社，2005.

[6] 周维权 . 中国古典园林史 [M].3 版 . 北京：清华大学出版社，2008.

[7] 于希贤 . 人居环境与风水 [M]. 北京：中央编译出版社，2010.

[8] 张家骥 . 园冶全释：世界最古造园学名著研究 [M]. 太原：山西人民出版社，1993.

[9] 汪光焘 . 中国城市发展报告中英文2012 版 [R]. 北京：外文出版社，2012.

[10] 方创琳，等 . 中国新型城镇化发展报告 [M]. 北京：科学出版社，2014.

景观水文

——一个整合、创新的水设计方向

刘海龙

1 前言

水，宛如人体内的血液，其循环流动对整个地球自然生态系统与人类社会发挥着基础性的支撑作用。人类历史上关于水的知识与技术体系十分丰富。在世界四个大河文明中诞生了最早的水文学知识与原理。中国自古以来形成了大量的治水、用水、管水、理水的传统智慧。先民们不屈不挠，在总结无数经验与教训的基础上，完成了大量古代供水、灌溉、航运、防洪等工程，营建了理想家园与诗意风景。中华大地上留存至今的众多城镇村落、风景园林与水利工程完美结合的案例，从秦代都江堰、灵渠，到隋代大运河，元代北京城，清代避暑山庄及颐和园，都展现了古代城镇、风景、园林、水利营建理念与山水美学及生态哲学的水乳交融，兼具实用性、生产性与文化性、艺术性、精神性，许多理念、技术、实践都堪称创举。

进入当代，随着人类技术力量的空前发展，现代水利、环境、市政、生态等学科理论、方法及技术虽愈加完善，却在一定程度上割断了相互关联性。虽然流域水文循环与其社会、经济、文化活动是紧密联系的，但在各专业与部门内的知识与技术却是相对局部和片段的。许多缺水地区，水成为战略性稀缺资源，但学科界限使领域协同不足，难以从维护整体水文生态与社会系统出发进行研究。这种涉水学科、部门的各自为政状态，使得当代解决水问题、改善水环境缺乏整体性的战略与措施。我国水利部门虽逐步从"工程水利"向"环境水利"、"生态水利"转变。然而种种现实问题迫使我们重新回到大地景观生态系统来思考水文过程及各种现象与问题，在涉水不同学科间建立起对接的平台，形成新的知识体系。从景观生态学的视角，水循环作为一种自然过程，对地球生态系统的动态演变、形态结构、系统功能等发挥着根本影响。而人类的改造也强烈地改变着自然水循环，产生了水的社会循环。综上，基于对景观作为多尺度、具有"过程—格局—功能"特征的地域生态与文化综合系统的理解，景观水文（Landscape Hydrology）作为一种从水科学、生态科学与设计学科等的交叉领域生长出来的新知识与方法体系，旨在形成一种具有整合性、创新性的水研究与设计理论，以寻求对于现实水环境景观建设的综合解决策略，实现多学科的交叉与融贯，以激发创新思维与手段，从景观的整体视角理解水文现象，同时按水文规律从事规划、设计、营造实践。

具体而言，景观水文学科的支撑来源于两大方面。首先是水科学领域，包括水文学、水力学、给水排水、水利、水环境科学等。这些领域的基础原理及相应的水循环、水动力、水环境分析与定量计算、建模及各种工程技术手段，可以为深入理解、分析水文现象提供科学依据。其次是设计学科，这里强调一种综合的设计观，即与水研究、管理、规划、设计及工程实践目标有关的综合地域生态文化景观系统的设计，可能包含了环境、城市、绿地、建筑、基础设施的综合设计。设计学科以其特有的整合性、空间落地性手段，对空间与形态、功能与形式、文化与艺术、场所与精神、技术与材料、体验与活动展开综合思考与实践，发掘或赋予水更综合的价值与魅力。景观水文并非只是水环境的美化，而是基于"过程－格局－功能"的视角，深入水景观生态系统内部，通过水科学与设计学科在思维、原理、技术、标准及工作流程与内容等方面的对接，实现解决水问题、治理水环境、营造水景观、发展水文化的综合目标。由此，景观水文学可应用于不同尺度、不同对象，包括河流保护与河道治理、雨洪管理、湿地修复、滨水区等的规划、设计、研究与实践。

2 景观水文与河流保护

河流具有自然生态、社会经济、休闲游憩、文化审美等多重功能属性。这些属性之间在一定情况下会产生矛盾，尤其在现代社会经济发展和对资源与能源诉求愈发增大的前提下，矛盾更为突出。19 ~ 20世纪初，伴随着工业革命的发展，美国政府出于兴利除害的目的，在江河上大力兴建水库、大坝、堤防、航道、港口等工程项目。直至20世纪中期，其境内的江河几乎全部建有各类水利工程，在一定程度上破坏了江河的连通性，导致鱼类和水鸟减少甚至濒临灭绝等问题不断出现，人们开始日益关注江河自然特性和生态功能。包括美国国家鱼类和野生动物管理局、国家公园管理局、民间保护组织以及部分民众，均积极呼吁要求保护甚至还原江河的自然属性和原始风貌。

在 20 世纪 60 ~ 80 年代，美国先后出台了一系列针对江河自然属性、水质、风景价值的保护与管理法案，代表性的有 1968 年的《野生与风景河流法》(The Wild and Scenic River Act，WSRA，下简称《风景河流法》)、1972 年的《清洁水法》(The Clean Water Act) 以及 1986 年的《水资源开发法》(The Water Resources Development Act) 等。其中《风景河流法》是世界上第一部以河流生态与风景保护为主要目标的法律制度。该法通过指定特定江河入选国家野生与风景河流体系 (National Wild and Scenic River System)，发挥保护江河自然特征与风景游憩价值，平衡江河保护与开发间矛盾关系的作用，亦成为后两部法案制定的重要依据[1]。

《风景河流法》由美国总统委员会和户外游憩资源评估委员会 (Outdoor Recreation Resources Review Commission，ORRRC) 共同提出，旨在保护风景河流免受开发所造成的不可逆转性破坏。在自然风貌、动植物多样性、历史文化性以及娱乐性等方面具有突出价值或特点的江河或河段可入选风景河流保护体系。入选野生与风景河流体系的基本要求包括：①入选水域仅限于仍保持自然流淌状态的江河，湖泊、池塘、静水洼地等均不属于其范围；②入选江河必须在自然风貌景观、动植物多样性、历史文化性以及娱乐性等方面具有突出特点。受美国内政部和农业部指派和监督，由相关领域学者专家组成的研究团队对提名河流的价值进行评定，作为河流能否入选该系统的标准。具体而言，法案将入选河流或河段分为三类：

（1）野生型河流（Wild River）。大多隐藏于自然之中，水岸线及整个流域均保持原始自然状态，江河与沿途景象未被人工构筑物阻隔遮挡，且水质良好未被污染。这类江河因是美洲原始风貌的代表而受到最为严格的管理和密切监控，沿线不得进行任何开发和商业活动，甚至禁止电动船在河中使用。

（2）风景型河流（Scenic River）。其自然风光具有突出特点，沿线没有人工蓄水设施，水岸线及整个流域基本上保持原始状态，沿途可有路通至河边。不同于野生型江河，这类江河沿线允许有一些干扰小的开发项目。但为了保护这类江河的美学价值，开发项目应通过各种手段尽量隐蔽于周围环境中，以避免对河流风景造成破坏。沿程水资源开发监管程度降低，允许电动船使用。

（3）游憩型河流（Recreational River）。这类江河除在自然风景和生态环境等方面具有一定价值外，更强调其可为广大民众提供游憩度假空间和设施（如野餐空间、休息亭廊等）的功能。休闲游憩设施的出现不可避免地削弱了这类江河的荒野、自然风貌特点。因此也有一些保护组织认为对游憩型河流的放宽监管会导致这类江河沿线游人过多、其生态价值受到威胁等问题。另与前两类河流不同，游憩型河流往往与道路、铁路或桥梁毗邻，可达性较好。水岸线可进行局部开发，沿线允许修建蓄水工程、支流分洪设施等。

该法案一方面用以保障入选河流可以永久保持自然流动状态，而不受阻隔或其他方式的干扰，更拥有对新建水工建筑物或直接影响河流建设项目的否决权。此外，法案还强调对河岸、岸线以及滨水区域游憩价值的保护，禁止河道改线以及滨水区域内石油、天然气以及矿物的开采活动。如该法案为长久保持风景河流的自然流淌状态，禁止美国联邦电力委员会（The Federal Power Commission, FPC）下发在风景河流及沿途修建大坝、输水渠、水库、泵站、水电站、输电线路或者其他直接对河流产生负面影响的工程建设的许可证，也不允许联邦政府的任何部门及所属机构向可能对风景河流的价值产生直接或间接不良影响的水资源工程建设项目提供贷款或拨款。但需特别指出的是，联邦电力委员会的禁令仅限于那些对江河自然流淌状态产生负面影响的工程项目，但对那些未对江河自然、风景及游憩价值产生负面影响的开发项目并不适用，即联邦电力委员会仍拥有对适度合理的江河开发项目的许可权。

河流的总体特征决定了其入选的类别，反过来其特定类别则又相应限定了其监管办法、沿线土地使用及水资源利用方式等。而风景河流体系的形成，必然涉及入选河流及两侧的管辖范围和管辖权问题。在法案制定初期阶段，认为内政部或农业部可根据自身判断确定列入风景河流体系、受法案保护的河流及河流两侧土地范围。但这种宽松的管辖权日益受到普遍反对，因为这种方式易导致政府大量不合理收购私人土地情况的发生。因此，为了保护民众利益，《风景河流法》明确提出，江河及两岸每英里平均 100 英亩（约每 1.6km40.5hm^2）范围被纳入风景河流体系中，受到《风景河流法》的保护。相关管理部门仅能对规定范围内的私人土地进行有偿收购。这一规定明确了该体系的保护范围以江河及两岸一定范围内滩地所形成的廊道形式呈现。

截至 2011 年，美国 38 个州及波多黎各地区共有 203 条江河或河段（共计 12598 英里，即 20157km）成为该法案的保护对象，比 2004 年的 156 条河流增加了近 30%。美国《风景河流法》作为世界上第一部以河流风景保护为目标的法律制度，至今仍具有突出的社会意义：①建立了国家风景河流保护体系，与国家野生动物保护区体系、国家公园体系等并行，丰富了国家自然与文化遗产的保护内容，扩大了其保护体系的广度；②从国家层面以法律形式强调了保障江河自由流淌的重要意义，将自然流淌作为江河一切衍生价值（包括风景价值、游憩价值、生态价值等）的核心基础；③以法律手段展现了国家决策对于自然资源保护的重视，通过风景河流分类、分级、分程度的管理措施，为解决开发与保护间长期存在的当前利益与长期利益之争提供了可行之道，对江河沿线水利建设提出了限制要求。

美国风景河流法及保护体系的经济影响总体也是积极的。2008 年美国犹他州州立大学经济学院和户外游憩旅游研究完成的《风景河流法制定的影响》的报告显示，河流或河段被列入国家风景河流体系后可在 2 个方面获得较高的经济效益：使用效益（Use Benefits）与非使用效益（Nonuse Benefits）。长久看来，两方面效益的总和将高于水利开发工程所产生的收益，亦可弥补为保留滨水空间而收购沿河土地所发生的成本。

使用效益是指直接利用此类河流或河段而获得的那部分经济效益，较为直观，易于用数字衡量。具体包括河流水上娱乐活动（如钓鱼、游泳及皮筏等）、滨水娱乐活动（如宿营、观赏等）产生的经济效益和受保护河流或河段潜藏的巨大旅游度假价值。旅游度假项目的品质取决于河流景观风貌的优劣。而《风景河流法》通过禁止水利工程建设、滩地开发并促进各相关利益方（水利、景观、环境等）的合作协调，使河流的"价值"得以合理保护，从而带动与娱乐、旅游直接相关的使用效益的提高。对康涅狄格州法名顿河（Farmington River）的调查结果有力地证实了上述观点。基于抽样调查，根据经济管理学基线模型的分析结果表明，法名顿河列入风景河流保护体系而受法律保护后，调查显示在未来一年内将前往该地旅游的人数和次数远远超过受保护前的数字，具体年人均次数为 10.6 次，人年均消费 372 美元。而在假设河流不可通航且水质变差的抽样调查中，预测模型结果显示附近居民年人均前往此地的次数将减少为 1.7 次，每人每年消费降为 107 美元，仅为前者数据的 29%。可见，《风景河流法》的颁布对于河流使用经济效益具有明显提升作用。

3 景观水文与雨洪管理

城市内涝及相关的一系列水灾害，实际在人类历史中长期存在。但近数十年来，随着社会、经济、技术发展强烈改变了地球下垫面与自然水循环，同时宏观气候变化及地区自然条件的不稳定，导致城市内涝灾害愈演愈烈。我国多座城市在近年内均遇到了严重内涝灾害，造成了巨大损失。对此从政府到社会各界都给予了高度关注。尤其自2014年10月住房和城乡建设部发布《海绵城市建设技术指南》并启动海绵城市建设试点城市申报以来，对这一问题的关注被推至空前的热度。而我国建设海绵城市的难点与突破点，是如何在高密度城市环境下，协调人工环境系统与自然水文系统之间的矛盾，使城市在"改变"与"顺应"自然水循环之间取得平衡。

3.1 二元水循环理论

"二元水循环"理论强调当前高强度人为活动干扰下的水循环呈现出越来越强的"自然－人工"二元特性，具体表现在水循环的结构、路径、参数、服务功能、驱动力等方面（图1）。"二元水循环"理论目前更多用

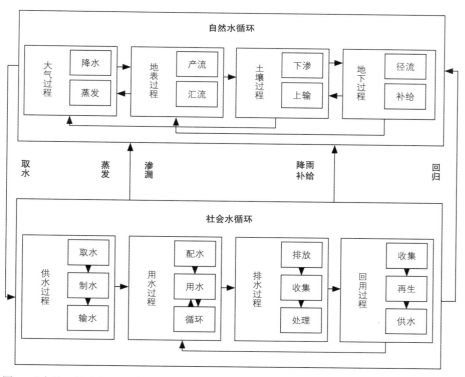

图1　"自然－社会"二元水循环的基本过程和耦合关系

于宏观流域水资源评价、承载力等研究。本文认为,当前城市雨洪内涝问题根本上是自然水文过程与人工排水系统之间的不协调、不平衡所致,因此,二元水循环理论在一定尺度上有助于分析城市雨洪问题,提供解决思路。如城市河湖水域面积的减少,实际是自然水循环的结构与容量的改变,压缩了水的产汇流路径及缓冲空间。又如现有的市政排水管网限于管径不足、密度不高,导致难以抵御大雨情况下的排水需求,是自然水循环的通量过大而人工水循环路由容量不够所致。再如单一快排思路会改变水体排泄的时空强度与容量,加大下游压力,则是自然人工水循环的上下游匹配不合理问题。最为关键的是,大面积、连续硬化的下垫面,会阻断自然下渗,阻断自然水循环的路径与通量。因此可以认为,城市雨洪管理的核心是在一定尺度上使自然－人工水循环取得协调与平衡,具体协调好城市中"降水－产流/汇流－下渗/补给"等自然环节与"输水－用水－排水－回用"等人工环节的关系。因此,在一定程度上可以认为,流域水循环的"自然－社会"二元矛盾是导致诸多水问题和水危机的本质原因,也是导致城市雨洪问题的主要原因。

目前的城市雨洪管理处理策略,总体包括人为工程化处理与自然处理两种。工程化策略集中表现为从明渠、暗沟、合流/分流制地下管网到堤防、泵站、闸控、水库及调蓄隧道等一系列工程技术体系,其目标是将雨洪水尽快排出。这些策略可称之为灰色基础设施途径。国际上倡导的BMPs、LID等理念,均强调维持开发建设前的场地水循环及径流水平,而要实现此目标,可资利用的最佳载体就是各类绿色要素,包括城市绿地、水系、湿地及郊野荒地、农田等,通过充分利用土壤、植物等自然要素,实现对雨水径流的下渗、调蓄、滞留、净化及在一定程度上的收集利用,减缓雨水产汇流及排放速度并恢复自然水循环,主要依靠水文生态系统服务功能解决雨洪问题,称为绿色基础设施途径。

两种策略在不同区域、地段及不同目标下各有优势(表1)。对高度密集城市地区,往往灰色基础设施已成体系,应重在优化强化灰色设施,适度增大绿色基础设施比重。对密度较低的郊野地区,则更要发挥绿色基础设施的优势,更多恢复自然水循环,同时综合考虑灰绿策略,实现自然与人工排水的耦合效果,发挥"大、中、小"排水系统的综合优势。因此,融合灰绿色基础设施就需要针对不同尺度对象,深入研究其功能协同性、结构嵌套性、布局均衡性,以及在不同地域、城市片区的适用性,从而在不同层次、环节、形式上选取最佳组合方案,实现综合的生态系统与社会服务功能。

比较项目\策略	灰色基础设施	绿色基础设施
	依靠工程技术手段实现人工水循环，包括输水、排水等	依靠或模拟自然功能满足自然水循环，包括入渗、调蓄、释放等
效能	快速、高效	缓慢、效率不高
适应性	弹性小，为刚性体系，面对复杂条件与突发情况难以作出调整	弹性大，为柔性或软性系统，具有缓冲、模糊化特性，可针对变化做出主动调适
投资与成本	投资大，技术集成度高，成本高	投资小，低技术，低成本
效益	社会、技术效益突出，近期成本-效益比高	环境意义突出，低成本，长远效益高
维护	以钢筋混凝土等人工材料为主，有其寿命，需较高后期维护	以植物、水、土壤等自然材料为主，能自我更新，后期维护较低
环境影响	为硬化设施，对自然改变多，环境影响大	近自然体系，环境影响小，甚至无影响
适用性	适合各类区域，尤其在高密度区域较优	适合各类区域，尤其在低密度、有充足开敞空间的区域较优

灰色与绿色基础设施途径比较 表 1

3.2 基于景观水文的城市雨洪管理策略

雨洪管理从专业分工来看，更多是市政、水环境工程专业的主导领域。但越来越多的综合性城市开发项目、社区规划、景观设计项目都日益重视雨水问题的解决。这些对雨水问题的重视，是对城市自然环境破坏的补救之举，也为社会环境综合治理与发展提供了一个新视角。因此，雨洪管理其实可以恰当地融入城市设计、社区规划及景观营造当中，为发掘场地潜质、完成场地增值提供新契机。景观水文（Landscape Hydrology）学的提出，即是从整体景观生态系统出发，将水作为完善景观功能、塑造景观形态、参与景观营造的核心驱动因子，并以设计学、水科学及生态学等学科的整合性研究与设计思维，为景观设计与营造建立一种创新性研究与设计机制。具体而言，基于景观水文学的城市雨洪管理策略具体包括：①过程，二元水循环过程的耦合；②格局，地表汇水区与地下排水区的耦合；③功能，灰绿色基础设施的耦合与协同作用。具体包括 4 个模块：水文模块、景观模块、设计模块、实施模块。其中，水文和景观模块重在分析评价，设计模块重在整合，实施模块重在落地，因此总体具有三个层次（图 2）。

3.3 清华大学校园雨洪管理与景观营造

校园与城市环境相比，一般具有开放空间比例高、绿地规模大等特点，是城市重要的绿色生态斑块。同时校园人群构成相对清晰、活动规律性强，并且承担着重要的文化教育职能，是社会的教育、研究与创新基地。但受宏观气候环境的变化和校园自身基础设施局限，校园也不可避免

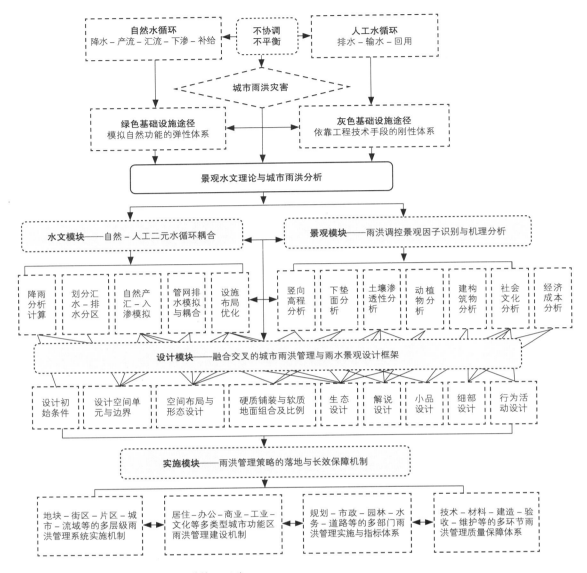

图 2　基于景观水文理论的城市雨洪管理思路

地会面临与城市类似的内涝及其他水环境灾害。而这些问题在校园里的存在，已不仅仅是为校园管理者提出一个需要解决的问题，实际是提供了一个进行教育的机会，使在校各类人群关注雨洪环境问题，并基于教学科研平台进行探索，实现绿色教育和绿色引领等更大的社会文化效益。

　　清华大学校园素以面积宏大、历史悠久、环境优美著称。最近二三十年是校园建设历史发展最快的阶段。包括面积逐步扩大、建设量逐渐增长，同时建筑密度愈发加大。通过校园雨洪问题评价可以发现：校园内存在多处积水点；相当比例的校园缺乏雨水管网；整体下垫面硬质比例偏高；绿地分布不均衡等。同时还存在其他一些相关问题：部分绿地养护成本高、耗水量大,水系补水不足,水体流动性低,存在面源污染等。

自2009年以来,清华大学建筑学院景观学系的"景观水文"课程一直以清华校园为对象,选择不同类型地段展开校园雨洪管理与景观设计教学、研究与设计。多年来开展研究的30多处场地,涉及了教学区、办公区、宿舍区、住宅区、绿地、道路、停车场等各种校园功能类型。这些地段功能定位不同,环境条件也各异,不同场地的雨洪问题程度和表现也有所不同。有的遇到严重的雨洪问题,应基于"问题导向"来考虑排涝减灾的需要。有的则未必灾情严重,但其功能使用、交通、景观风貌等的问题十分突出,需协调多方面目标。清华校园"景观水文"课程与雨洪管理教学研究的目的,实际是强调在一个真实的环境下,分析雨水问题与其他问题的交织性和复杂性,识别雨洪管理与其他目标的关联及影响权重,探索防涝减灾、雨水利用、景观营造和提升场地品质的综合解决策略。

3.3.1 胜因院景观改造[3]

胜因院是1946年建成的清华近代教师住宅区。曾有多位知名教授居住于此。从曾居住于此的居民及来访者的回忆中,可以想象当时胜因院呈现一派名人荟萃、大师云集却又生活气息浓郁的鲜活景象。但长期以来,校园环境变迁以及胜因院自身局限,这里遂成为地势低洼和环境破败之地。每逢大雨便饱受内涝之苦。加之居住功能的逐步丧失,缺乏业主维护,这里已无生活气息,院落私搭乱建严重,空间凌乱,导致私密性、场所感、历史氛围均逐步消逝。

胜因院改造需在历史保护、雨洪管理、功能更新、活力振兴等方面取得多赢。在长达近两年深入的历史研究、专家走访、技术咨询、多学科合作基础上,胜因院环境改造项目顺利完成,实现了多方面问题的综合解决。尤其是在雨洪管理与景观营造方面,胜因院案例基于景观水文理念探索了一种景观设计与雨洪管理的内在逻辑关联机制。胜因院改造的具体过程包括:①先进行竖向分析、汇水区划分、径流过程分析、土壤渗透性测定等,掌握场地雨水积涝分布区域及原因,有针对性地选择灰绿基础设施的组合;②反复校核灰绿基础设施的效能,优化其协同组织方式,确定最适合的技术措施体系,融入景观总体设计构思;③将不同位置雨洪管理设施的功能和景观设计结构相融合,考虑四季及干湿季不同特色,赋予雨洪管理设施元素以设计感和表现力,使之融入对场地空间序列、功能、文化符号及活动等的表达中。(图3~图8)

总体而言,景观水文理念实际强调一种整合的场地设计态度与方法,即把水文分析纳入场地空间分析与设计,使水文基础设施成为场地景观的

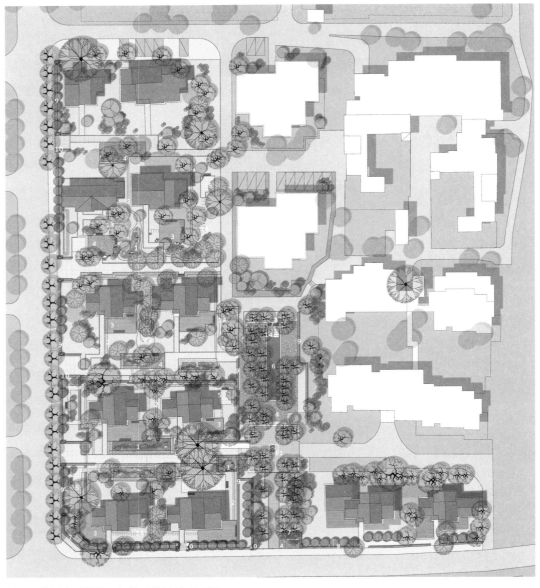

图 3　胜因院雨洪管理与景观设计总平面图

图 4　胜因院暴雨过后场地积水（摄于 2010 年 07 月）

图 5　胜因院改造前杂乱的环境（摄于 2009 年 12 月）

图6 胜因院雨水花园功能分析与实景效果（摄于2013年09月）

图7 胜因院雨水花园雨季景观（摄于2012年09月）

图8 胜因院改造后景观（摄于2015年05月）

有机组成部分，使之不仅发挥功能性，也可以成为场地景观的有机组成部分，发挥塑造特色、愉悦观感、体现文化、激发活力的作用。实际LID（低影响开发）策略中的多项设施，包括下凹绿地、草沟、干池甚至水渠、管网、溢流口、雨篦等，从工程角度和设计角度是可以作为景观整体的有机组成部分而被统一设计的[4]。

3.3.2 建筑馆庭院改造[5]

大学校园随着发展，院系往往因使用面积不足而加建新馆是较为普遍的情况。清华大学建筑馆就面临此种情况。建筑馆建于1995年，在使用了20年后，整体在使用面积上与学院发展需求已不相匹配，空间环境也有待极大改善，因此着手利用后院空间增建约3000m²的新馆。新馆建筑因受旧馆三边所限，设计为规则立方体形式。留下与旧馆之间的U形狭长形空间，兼具新旧馆联系通道、室外模型制作场所、户外交流空间等功能。同时该场地还面临较大的雨洪管理挑战：①旧馆建筑十多根雨落管均接向该场地，导致雨季屋面降雨径流短时间集中汇流至此，汇流量很大；②新馆负一层为整体下沉，围绕建筑一周建设了排水管及地下雨水收集池，但因四周向此汇水而排水压力很大。因此，建筑馆庭院的改造，面临着空间狭小、汇水集中、功能复合等多方面压力。其改造须在高密度环境下，妥善处理空间整治、雨水管理、优化功能、景观塑造等多方面需求之间的关系，并予以综合协调解决（图9）。

受建筑馆庭院条件所限，完成雨洪管理功能的关键是增加小型化的绿色基础设施。高位植坛是一种在深槽或箱中种有花草、灌木等植物的雨洪管理措施，主要是通过槽箱中土壤和植物的过滤作用净化雨水，同时通过滞留减少径流的产生，起到雨水径流调蓄、收集利用与污染控制的多重作用（图10）。该措施多用于建筑两侧的狭窄空间中，而其景观化处理则是兼顾功能性与审美性的关键。植物的选择、景观细部和材质十分重要。高位植坛植物受种植土层厚度影响，一般选择浅根且耐湿性较好的植物，宿根花卉不仅可在该生境中生长，而且可增加高位植坛的观赏性，

图 9　建筑馆庭院鸟瞰（摄于 2015 年 07 月）　图 10　建筑馆庭院高位植坛蓄满状态（摄于 2015 年 06 月）

丰富植物色彩。另外考登钢板的使用，既考虑了减少空间占地、增大调蓄容量等因素，也非常具有观赏性。而布置于雨落管正下方、种植土层上方的石笼，既有减缓雨落管出水对种植土的冲刷的消能作用，同时也具备了增加景观精细度的作用。

3.3.3 明德路交通与景观改造[6]

明德路是清华大学校园东部交通主干道，承担着校园东部南北向主要交通流。该路上存在着机动车、自行车和步行等交通方式，但由于通行容量不足，人车混流，导致诸多交通安全问题。明德路还存在着高校特有的潮汐性单向人流特点。即上午上课高峰时段的北往南单向人流；中午下课高峰时段的南往北单向人流；下午上课和下课高峰期再次呈现的北往南和南往北态势。上述单向人流密度较大，往往形成并行自行车流，在人车混行情况下会增大事故发生的概率。另外从环境角度，明德路也存在严重的道路积水问题。通过 SWMM 模型分析，得到了整条道路的汇水分区面积、坡度，积水点位置及积水时间、深度等。同时通过现场和网络发放问卷 100 余份，得到使用者对于明德路现状的基本看法，并用来指导改造设计（图 11 ~ 图 14）。

综上，通过道路交通分析、水文模型分析和校园活动公共调研等方面的专题研究，提出明德路改造设计定位与策略：

图11 明德路交通与积水状况（摄于 2016 年 04 月）

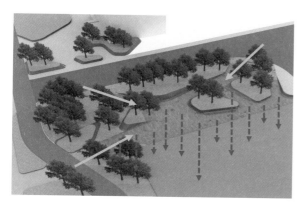

图12 明德路透水林下广场的设计

参考文献

[1] 刘海龙，杨冬冬.美国《野生与风景河流法》及其保护体系研究 [J].中国园林，2014，05:64-68.

[2] 刘海龙，杨锐.景观水文：一种融合、交叉的城市雨洪管理指导策略，国际城市雨洪管理与景观水文学术前沿 [M]//2015 城市雨洪管理与景观水文国际研讨会论文集，2015.

[3] 刘海龙，张丹明，李金晨，等.景观水文与历史场所的融合——清华大学胜因院景观环境改造设计 [J].中国园林，2014（2）:7-12.

[4] 刘海龙.海绵校园——清华大学景观水文设计研究 [J].城市环境设计（UED），2016，4:134-141.

[5] 刘海龙.海绵校园——清华大学校园雨洪管理与景观水文研究与实践，国际城市雨洪管理与景观水文学术前沿 [M]//2015 城市雨洪管理与景观水文国际研讨会论文集，2015.

[6] 刘一瑶，郭国文，孟真，等.基于低影响开发的清华学堂路雨洪管理与景观设计研究 [J].风景园林，2016,3:14-20.

（1）交通定位：构建清华东区绿色交通主轴，包括人车分流，构建慢行专用绿色通道，满足人行、自行车需求；机动车缓流设施车速管控；采取坡道、彩色自行车道等方法保证行人、自行车优先。

（2）景观定位：塑造清华东区新形象主轴，包括塑造整体性道路景观，强调清华东区新气质；作为清华东北区留学生公寓人群最频繁使用路径，体现国际化形象与多元需求，塑造满足国际化社群与社团活动的节点空间。

（3）生态定位：营造清华东部雨洪管理生态走廊，通过采取生物滞留设施、透水铺装等设施，解决积水问题，实现渗、滞、蓄、净、用、排目标；保留和营造植物群落生境绿岛，丰富道路景观；通过利用校园潜力水源，营造多季节生态湿地景观，弥补东区缺水景观系统的不足。总体而言，明德路项目总体包括了前期研究、调研、公共参与、方案设计及后期实施、施工、管理、维护、后期评估等多个阶段的工作。

图13 明德路透水林下广场施工过程（摄于 2016 年 10 月）

图14 明德路透水林下广场建成后效果（摄于 2017 年 05 月）

当代多自然型城市
河流治理的演变历程

朱晨东

20 多年前，中国还是一个以农业人口占多数的国家，而今天已经有超过 50% 的城市常住人口。以北京为例，2005 年颁布的城市总体规划中写道："2020 年，北京市总人口规模规划控制在 1800 万人左右，其中户籍人口 1350 万人左右，居住半年以上外来人口 450 万人左右。考虑到人口流动以及其他不确定因素，根据城市基础设施等相关指标暂按 2000 万人预留。"可是，根据 2010 年的人口普查，北京市总人口规模已经达到 1961 万人，超过规划规定的人数，逼近预留人数。当城市不断增长并向周围蔓延时，河道和滨水地区就会遭受极大的破坏，这些影响意味着生态和经济的代价。由于受到资金条件的限制，在当时整治城市河道过程中，只考虑其水力技术要素，不关心它在城市中的其他功能，更不会顾及生态、环境和景观设计。

20 世纪 90 年代后期以来，人们开始对改善水环境的要求不断高涨。开发滨水地区成为我国城市建设中的一个热点。在治理城市中的河道或湖泊时，生态化改造及景观设计开始提到议事日程上来。以改善水环境和再造生态系统为主要目标的"亲水"建设，就成为当时水利建设的重要内容。人们也开始认识到，在过去的半个世纪里发展带来的环境破坏，现在已经到了弥补的时候了。当我们的生活质量在多方面得到改善的时候，这就需要我们恢复很多已被破坏和损伤的自然环境。各级地方政府需要投入更多的资金用于改善水环境，来提升或重塑城市形象，并希望它能为城市发展提供契机。事实上，人们的这种努力，是社会、经济和生态价值的认识逐渐提高的一种表现，可以预见，21 世纪将成为一个修复自然的世纪。

图1 1994年的北京南护城河。采用三面光的作法是城市河道治理建设的标准做法（图片来源：朱晨东供稿）

图2 2005年拍摄的上海苏州河防洪堤挡住亲水的视线（图片来源：朱晨东供稿）

1 生态治河准备阶段（1996～1999年）

一般乡村河道的治理方法通常不适合于城市河道的修复，在城市环境建设中雨水利用管理、水滨带缓冲结构建设和河道修复的作用能较好地得到恢复需要很长时间。

在20世纪90年代之前，治河的老方法是：顺直河道、加大河宽、疏挖河床、硬化河岸、加高堤防等，以提高泄洪或供水的安全度，加上污水处理率很低，污水直接入河，使天然河道的特征几乎丧失殆尽（图1、图2）。进入20世纪90年代后期（1996～1999年），北京提出了"水清、岸绿、流畅、通航"的治河口号，并以此治理了历史悠久的皇家水道——长河及昆玉河。北京对城市水系的改造后，朱镕基总理等国家领导人泛舟昆玉河上被媒体广泛报道，更在国内掀起一股治河的热潮。成都、广州、深圳、珠海、厦门、福州、杭州、宁波、上海、青岛、大连等城市纷纷进行水系改造，成都治理了府南河、上海治理了苏州河、福州治理了闽江、绍兴治理了城河、临沂治理了沂水、杭州治理了东河，其中有的城市还举行大型的国际招标活动。这些河道的治理尽管以景观为主，但同时也有了生态建设的雏形，不过也仅仅是雏形，因为很多地方当时并没有解决好景观与生态的矛盾，没有理解好人与自然的和谐统一。

这个问题的出现，是因为城市的河道治理遇到了难题。而且城市越大困难越多，尤其是中国的北方地区水资源缺乏，非汛期几乎是有河皆干、有水皆污，而汛期的防洪压力又越来越大。因为城市中建成区越来越大，下垫面硬化，洪峰流量加大，房屋、道路、绿化与河道争地，河道越束越窄，无法拓宽、加深，只好将河坡改成直墙，硬化河岸，加高堤防。步入小康社会，市民开始重视生活质量，要求亲水、优质的环境的呼声日渐增高，为此引进了一些滨水景观建设，诸如：休闲广场、水上舞台、卵石步道、林荫小径、露天茶座、临水长廊、嬉水乐园、灯光喷泉、涉水台阶、停车场等等。以上计划的多数策动者是房地产开发商，他们受到购房者的压力，发现绿化环境好的住宅销售快，滨水住宅销售快，利润调动了其治河的积极性，于是民间资金参与到公益事业中，尽管数量不大，但引起的连锁反应却不小。应该说有的景观与自然环境结合得很好，有的就比较差。所以1996～1999年是人们刚刚对生态治河有了一点点认识的阶段。

2 生态治河初始阶段（2000 ~ 2005 年）

随着国际交往的日益频繁，欧共体国家尤其是德国、法国和英国水利部门与我国的交流，使我国在整治河道上产生了一些新理念，生态化改造的思路逐渐形成，并传达贯彻到各地。

其中北京治理菖蒲河及转河具有特别重要的意义，因为这两条河道在 20 世纪七八十年代被填埋，菖蒲河在北京的中心——天安门的旁边（图 3）；转河在西直门附近，修建环城地铁时，与东西护城河一起消失。转河是古高梁河（今长河）的一部分，明清时代是皇家水道，是从玉泉山、昆明湖引水入城的重要水路，也是皇家乘船去往圆明园、颐和园的运河。历史上它对北京城的发展起了非常重要的作用，将已经变为暗沟的河道重新打开，是生态的需要，也是一个时代的开始。但是，如何治理转河？如何恢复它应有的风貌？是一个严肃的课题。有关部门经过半年多的反复推敲，比选国内外的河道治理案例，在 2002 年终于确定一个好的生态景观设计方案（图 4、图 5）。这里能给人们有所启示的是它的设计原则，兹照录如下：

（1）尊重历史，传统与现代共存。

（2）以人为本，提供沟通与交流的平台。

（3）恢复生物多样性，回归自然。

（4）以亲水为目的，与城市相协调的景观设计。

（5）保护水质，扩大水面。

以上仅短短五条，六十个字，却含有大量信息，如果在两年前绝对不会产生这样的设计原则，此设计原则中考虑了回归自然，以人为本。

整治城市河流有一个很重要的关注点，即其两岸滨河带的开发建设，从规划阶段开始就应强调人与自然的和谐共生，在保证自然生态优先和环境承载力允许的前提下，尽可能让市民到水边来，满足市民的亲水需求，如有可能尽量划出一些空间，设置文化、健身、娱乐和观景场所。使人与人在滨河带得到沟通，人与水进行亲切地交流。上述这些原则的确立，是人们进入后小康时代及信息社会的标志。在工业时代，很多国家包括中国在内，都经历了环境污染的惨痛教训，体现在河道的现象是：河水变黑、鱼类绝迹，各级政府和市民都非常迫切地希望改变这种局面。作为水利工程师，必须建立一种理念：各种自然过程都具有自我调节功能，设计的目的在于恢复或促进自然过程

图 3　2002 年修复的菖蒲河，原先上面是仓库库房（摄于 2013 年 10 月）

图 4　2005 年重见天日的转河，在居住区中穿过的转河，由于空间狭小，不得不修建成陡直的河岸，利用垂直绿化进行装饰（摄于 2013 年 08 月）

图 5　2005 年重见天日的转河，在绿地中穿过的转河，建设了生态护岸，爱钓鱼的人们纷纷来水边垂钓（摄于 2013 年 08 月）

的自动稳定，而非随心所欲地人工控制；换言之，我们需要推测和评估项目建设可能对生态系统产生的冲击和影响。由于河流建设项目对环境的冲击和影响较大，而且水流情况非常复杂，其影响不仅限于当地，还会波及其上下游。那么不管河道上建闸、建跌水，或设雨水管道、水簸箕入河，都不要妨碍生物的生长，不要妨碍生物链的形成。2003年2月21日《光明日报》刊载了著名水利电力工程师、两院院士潘家铮关于反思水利工程的一段论述，他这样讲道："人类和水打交道的历史，大致可分为三个阶段。首先是'无能为力'和'力不从心'的阶段，面对滔滔洪水或赤地千里的大灾难，只能逃荒或死亡。随着生产力和科技的发展，人们兴修水利工程，要管住水、利用水，进入'改革自然'的阶段，人们修堤筑坝建库、修渠道、开运河、建电厂，发挥防洪、灌溉、供水、通航、发电等效益，这阶段还没有结束。但在取得巨大成绩的同时，也有失误，受到大自然的报复，甚至留下不可弥补的遗憾。 第三阶段应该是，人们在总结正反经验的基础上，对水进行更科学、合理的治理开发利用，做到可持续发展，做到与大自然协调共处。"他还谈到，人们在论及水利工程时，还应当加一门课程："人类活动引起的水害学"。

针对治河的难点，针对生态化改造河道的需要，中国城市河流的整治逐渐形成了一些新的理念。

2.1 工程措施

2.1.1 治河先截污

国内大部分河流饱受污染之苦，污水直接入河是最主要的原因，河水发黑变臭，水质为V类，甚至劣V类，致使水生动植物几乎绝迹（图6）。我们不赞成治河时不治污，所谓两岸绿草青青，小品琳琅满目，建筑雕梁画栋，结果是河水臭不可闻，沿岸居民不敢开窗，哪里还谈得上修复自然型河流。成功的经验是在两岸修建截污管线，将污水送到处理厂。欧洲的莱茵河1979年被称为欧洲最脏的水体，有100公里的河段完全无氧，灭绝了几十种生物，经过十几年的治理，有80%的污水被截断，大马哈鱼又回到莱茵河中。

2.1.2 恢复河道的自然状态

（1）宜弯则弯、宜宽则宽，使设计的横断面复杂化，要造成河岸

图6 北京某河道排污口（摄于2013年08月）

边坡有陡有缓，能缓则缓；堤线距水面有宽有窄，能宽则宽。舍弃河道断面为简单的矩形或梯形的陈旧作法。在一定长度内，形成水流速度有快有慢，甚至在岸边形成滞流、回流，以便动物的生长和繁殖；切忌河道裁弯取直，避免直线段太长，用蜿蜒、蛇形、折线等代替直线，因为自然状态的河流不会是笔直的。

（2）打掉硬质护岸，进行生态化护坡。很多水利工程师最反对这一点，或者束手无策，当洪峰流量加大，流速随之增大，土质护岸会被冲刷，为抵抗流速，最简单的办法是用混凝土或砌石护岸，而这一点又是修复自然型河流时最忌讳的。近年，日本和韩国已经生产出能长草的混凝土砌块，有专门为鱼类栖息设计的鱼巢砌块。我国有的河道也已采用。生态护坡还是一项新生事物，随着新型材料的出现，生态护坡会有较大的发展空间（图 7）。

（3）种植（养殖）水生动植物。

水生植被由生长在浅水区和周围滩地上的沉水植物群落、浮叶植物群落、漂浮植物群落、挺水植物群落及湿生植物群落共同组成，这几类群落均由大型水生植物组成，俗称水草。水生植被有重要的生态功能，水草茂盛则水质清澈、水产丰盛、水体生态稳定，缺乏水草则水质浑浊、水产贫乏、水体生态脆弱。水生植被不仅是初级生产力的主要组成部分，而且在美化水体景观、净化水质、保持营养平衡和生态平衡等方面具有显著功效。保护和恢复水生植被已被作为保护和治理水环境的重要生态措施（图 8、图 9）。沿着由陆地到水体深度的环境梯度，分布着湿生植物、挺水植物、浮叶植物、沉水植物和漂浮植物。水生植物按照生长环境分为五大类，共 51 科、83 属、147 种。例如，野慈姑等挺水植物可以去除水中 75% 的氮和 65% 的磷；苦草等沉水植物可降低水体的营养水平，抑制浮游藻类生长；水葫芦等漂浮植物耐污性强，1hm² 水葫芦一昼夜可吸收 800 人排放的氮、磷等元素。

常见的水生动物分为浮游动物、底栖动物、水生昆虫、鱼类、两栖爬行动物、鸟类和兽类 7 大部分共计 322 种，以及水生微生物：细菌、放线菌、真菌、酵母菌 4 类 48 属。底栖动物也称湖底动物，多生活在水草茂盛或水底腐殖质的浅水区，对水体净化和水生植物生长有利；水生昆虫是北京生态环境中的一个重要组成部分；鱼类是北京水环境中维持生态平衡、清洁水环境的重要生物群类；两栖爬行动物是消灭害虫、净化水质的能手；鸟类多少是反映水域环境质量的指标

图 7　北京某河道的硬化护岸改造成有孔隙的砌块（图片来源：朱晨东供稿）

图 8　北京北海公园采用水葫芦作为辅助水质净化手段（摄于 2013 年 08 月）

图 9　北京奥运公园龙形水系的生态护岸（摄于 2014 年 09 月）

之一。微生物在水环境循环中起着举足轻重的作用，它可以把水体中的各种动植物的尸体分解，在条件合适时，一些细菌可以利用光能大量合成菌体，使河水由浑浊变清澈。

目前，水生植被越来越受到重视，水生动物的修复相对说来难一些，在整治河道时还很少考虑，尤其是对本地区河道的水生动植物本底调查，尚未开始。但是，水环境治理正在向保护生物多样性和恢复水生态良性循环转变。

（4）连接湖泊、坑塘、洼地、湿地和荒滩进行滞洪。

城市中的河流再怎么修复，也很难像乡村河流那样自然，尤其是洪峰流量加大后，只能是束堤。为了不至于用高墙式的堤防挡住风景，必须将缓滞洪水的问题放在乡村，利用湖泊、坑塘、洼地、湿地和荒滩进行滞洪。德国的莱茵河在1993年、1995年连续两年遭受洪水袭击，并没有加高堤防，而是在荒滩中修建了多座滞洪水库。另外，在城市中要多做雨水利用设施，例如利用大片绿地来降低径流系数，延缓汇流时间，新建居民小区、开发区不准增加其向外排放的雨水量。这都是发达国家的成功经验，北京等一些大城市目前在试行，从而达到不加高堤防的远期目标。

（5）回归自然河道的生态化改造已经成为一种国际潮流，但并不抛弃以人为本的改造指导思想，河道改造工程项目应强调人（包括生物）与水的交流。在欧洲一些国家有一种理念：工程不分大小都是系统工程，成功的河道整治的规划设计需要请园林专家，建筑专家，环保专家、生物专家等参与，而不仅仅局限在水利部门一家（图10、图11）。

2.2 非工程措施

2.2.1 加强规划

河流或湖泊欲进行生态整治改造前，必须先立项，即应该确定规划原则。目前，绝大多数河（湖）的生态整治或景观工程改造，均与河流或湖泊的提高防洪标准或疏浚工程结合进行，所以，其规划的大部分原则应遵循一般河流或湖泊的整治原则，而河流或湖泊的生态化改造的规划原则（也是评定河道整治规划好坏的标准）是：去掉或尽量减少人工硬质护岸、护底；恢复生物多样性（依据于湖

图10 2010年北京市水务部门重点整治了永定河城区段河道，图片为门头沟区河段门城湖公园（摄于2013年04月）

图11 2010年北京市水务部门重点整治了永定河城区段河道，图片为石景山区河段园博湖建设现场（摄于2013年04月）

泊、河流生态系统调查的结论），回归自然；试图修复本底河流的生物链；截断污水入河（湖），水质还清，扩大水面；以人为本，降低河（湖）岸堤防，让人们亲近水面，提供沟通与交流的平台；（与城市相协调的）景观设计要有助于生态恢复，生态恢复要有利于景观配置。生态恢复的概念为：生态系统的恢复达到接近受干扰前的环境条件。在恢复中生态资源的损伤得到修复，生态系统的结构和功能两方面都重新产生。

2.2.2 河水还清，防治富营养化

保持水中动植物的正常生长，对城市中的水域要经常实施打捞漂浮物、流动、曝气、过滤、杀藻等日常管理手段。

2.2.3 生态用水提上议事日程

河流中必须保留一定的基流，哪怕是很小，有资料说小到 $0.06s/m^3$ 也可以。实际上应该从节约下来的工农业用水中，硬性分配给城市中的河湖，这就是生态用水量要进入水资源调度中的理由。

2.2.4 法制建设

各地陆续颁布雨水利用、中水利用等规定，以加强城市中多自然型河流的修复手段。

3 生态治河中级阶段（2006～2014 年）

其标志是：

（1）从 2005 年到 2010 年，水利部先后确定了无锡市、武汉市、桂林市、莱州市、丽水市、新宾县、凤凰县、松原市、邢台市、西安市、合肥市、哈尔滨市等 12 个城市作为全国水生态系统保护和修复试点。这些试点的出现极大地刺激了水利行业，人们开始意识到传统水利工程的落后，生态水利工程将成为行业行为的客观规律。

（2）生态治河的专著：由董哲仁编著《生态水利工程原理与建设》和《生态水工学探索》于 2007 年 3 月出版，使水利工程师们从传统工程模式转变为生态水利工程，有了理论依据和可参考对象，致使规划设计向良性发展。

（3）软质护坡的种类增多，专用材料开始在工厂生产，让生态设计能够落实。如：铅丝笼（可替代浆砌石墙），由土工织物加工制成的生态袋、土工防渗膜、膨润土防渗毯、椰纤毯、多孔砖、透水砖、鱼巢砖及可以替代混凝土挡土墙的各式墙砖等等。

（4）在专家的全力推动下，规划设计单位开始重视生物多样性和生物栖息地的实施，重视河流中各类生物的恢复和品种的增加，重视滨水地区的文化开发，重视动植物的生物量监测。

4 生态治河高级阶段（2015年~？）

我们还没有进入生态治河高级阶段的迹象，高级阶段其标志应该是：将水生动植物在河流湖泊中的地位大大提升，去掉直立跌水和失效的坝堰，重视鱼类的洄游（图12）；在河道综合整治中引入低碳和健康河流的理念，引入上、中、下游统一规划，让各相关子系统和谐地一起工作。从开发到排放的单向利用向循环利用转变，从单项治理向水生态的整体优化转变，从简单地对洪水截排，向与洪水和谐相处、管理洪水转变（部分海绵城市理念）。我国虽然出现了一大批水生态保护与修复的材料、设备，但是尚未进入认证、监管阶段，尚未有系列的国颁标准、技术导则或规范，造成无法合理地进行规划、设计、施工与验收。

什么时候我们在河流整治规划设计中开始对河流廊道技术（有意设置深潭浅滩、江心岛、滤水林带、水陆交错带）予以足够重视；开始从源头控制污染，用技术手段关心河流中动植物生物链的形成；开始慎重考虑河流形态的多样性以及河边的生物栖息地；开始考虑因筑坝、筑闸对河流产生的负面影响，而有意进行消除时，我们就进入了水生态的自由王国。

（2004年9月26日初稿　2016年9月改稿）

从传统市政给水排水系统到生态市政水系统的思考与实践

何伟嘉　宋肖肖

1 问题与现象

改革开放以来，伴随着经济发展，我国城市建设经历了一个起点低、速度快的发展过程。1978 ～ 2013 年，城镇常住人口从 1.7 亿人增加到 7.3 亿人，城镇化率从 17.9% 提升到 53.7%，年均提高 1.02 个百分点；城市数量从 193 个增加到 658 个，建制镇数量从 2173 个增加到 20113 个。很长一段时间里普遍存在重经济发展、轻环境保护，重城市建设、轻管理服务，部分行业产能过剩严重，空间开发粗放低效，资源约束趋紧，生态环境恶化，城乡区域发展不平衡，城镇空间分布和规模结构不合理，城市空间无序开发、人口过度集聚，环境承载能力不匹配，基础薄弱，城市污水和垃圾处理能力不足，大气、水、土壤等环境污染加剧，城市管理运行效率不高，公共服务供给能力不足等诸多问题。水是人们生活与社会发展所不可或缺的关键要素，基于城镇化发展的需要，市政给水排水功能与建设方面的问题则显得尤为突出。

传统市政给水排水系统主要是指当前常规意义上城市的给水（饮用水）系统和排水（污水和雨水）系统，包括近年来少数城市局部建设的中水（再生水）系统。这些都是人类工业化进程的时代产物，曾一度成为城市进步和现代化的标配设施。然而在当代快速城市化发展过程中，按工业化逻辑建设的市政给水排水系统在基本满足社会用水和排水需求的同时，也产生了诸多问题。主要有以下一些表现：

给水——饮用水基本上是城市生活和生产的单一供给来源。

污水——整体上被当作生活废物质；建筑污水、废水通常经集中排水管道排至区域大型污水处理厂，基本解决途径是无害化达标处理和排放。

废水（杂排水）——在很少的城市和局部项目中被作为再生资源收集

处理后回用。

雨水——通常做法是有组织收集并快速经管路排放至下游水体。越来越多的场地硬化导致排放径流加快，尽管雨水管路已投入很大，积水、内涝依然常见。

中水（回用）——城市局部辅助供水系统。水质偏低，用途受限。

域内水系——常作为景观元素体现，是城市（或项目）的耗水单位，有条件时可接纳和输送雨水。

综合印象——整体规划和建设都是按照上述功能系统划分、分别布设和独立工作，也就是常说的井水不犯河水。

当前城市水系统总体构成基本上是从上游生活水源到下游排出口的直通模式，这样的市政水系统在快速城市化发展中所呈现的问题有以下 5 个方面：

（1）在城市给水系统方面：以河湖水库及地下水等天然水资源作为城市供水的单一规划水源，未将再生水、雨水、水体贮水等列入可用水资源。给水系统存在严重的水资源浪费问题，目前节水工作大都体现于管件和器具，而没有从整个给水过程进行节水管理。单一的水资源利用导致河湖及地下水用水过度，导致城市水系的生态恶化和城市地表下陷等生态灾难。

（2）在城市排水系统方面：在污水方面，经化粪池简单处理后排至大区域集中污水处理厂，污水通常以废物形式外排，未做资源化考虑；部分逆地势的排水体系中掩映着大量长距离输排和提升问题；随着管路埋深的增加，管网施工质量不佳时将带来污水渗出，污染地下水，或地下水渗入增大下游污水处理厂水力负荷等一系列问题；在废水（杂排水）方面，目前有部分城市及区域废水被视作为资源收集处理后回用，但通常处理环节简单，回用方式生硬，水质保障、时间协调、工艺差异、管理水平、经济指标等方面均差强人意；在雨水方面，近些年来频发的城市内涝问题已经引发广泛关注，特别是 2013 年后，海绵城市概念的提出以及海绵城市国家试点城市的建设，带来了大规模的雨水系统相关的工程建设，但从目前的实施项目来看，大部分未做系统合理性梳理，存在缺乏系统性、逻辑性等突出问题，无法做到因地制宜的系统化梳理与体系化落地，要么成为纯景观美化建设项目，要么成为毫无美感的纯水工构筑，表里无法有效结合。

（3）在城市中水方面：城市中水是城市水循环体系非常重要的环节，

目前很多城市还没有建设污水处理和再生水循环利用系统。发达城市建设的集中式污水处理再生厂，在解决出水水质排放标准与地表水标准间的差距时，不断地提高处理出水标准，如北京的地标一级 A 排放标准基本类同于地表水 Ⅲ 类标准，带来了污水处理厂环节的高额投资，复杂的工艺流程，高昂的运行成本和高技术水准的运行人员要求等一系列问题。此外，中水回用的逆地势供水，在土地、建设、管具等方面的费用也相当高。但通常处理环节简单，回用方式生硬，水质保障、时间协调、工艺差异、管理水平、经济指标等方面均差强人意。

（4）在城市水系方面：城市水系应该是城市水系循环的主要空间载体，但是经常作为洪水通过空间，或作为耗水元素体现其景观价值，而在蓄水、净水等功能的开发方面非常有限。

（5）在整体问题方面：给水和污水系统的整体规划和分期分区建设带来的系统问题，经常出现的建、用不合，其结果往往是以经济为代价。比如在我国新城建设出现的大量"死城"中，基础设施配套投入很大，但是由于没有运行而荒废，形成大量的资金浪费。此外，很多城市规划布局很好，有山有水，自然协调，但是其市政水系统与人居社会却是完全"僵硬"的连接。一方面我们是大面积水资源短缺的国家，需要超采地下水和花高代价进行南水北调，以缓解水资源短缺问题；另一方面，我们是污水排放量最大的国家，排入水体与进入环境的水基本全是麻烦和负担，最常见的是城市水体"富营养化"和黑臭河道（流域水体污染还包括工业污染和农业面源污染）。继续沿着这样的传统方式建设，市政水系统就将变成城市和人居社会的顽症和疾患。

在过去的快速城镇化过程中，总体上强调建设速度，对生态环境的影响欠缺考虑，片面强调 GDP，忽视生态效益、社会与人文关怀，采用过于强硬的技术手段、简单的建设过程、粗放的管理流程，对场地的自然特征缺乏尊重，最终导致城市水生态系统的恶化。吸取过去城市建设的经验，2009 年住房和城乡建设部仇保兴部长提出"微降解、微能源、微冲击、微更生、微交通、微创业、微绿地、微调控"的发展模式，在整体生态项目构建中关注"斑块"生态贡献的集成，利用源分离、分散处置、物质循环、资源利用等生态理念和技术手段，将传统开放式废物排放方式调整到循环型经济系统，在区域内构建可持续的生态体系。

2 理念与方向

　　生态是指生物（原核生物、原生生物、动物、真菌、植物五大类）之间和生物与周围环境之间的相互联系、相互作用。文明——是人类文化发展的成果，是人类改造世界的物质和精神成果的总和。生态文明是人类为保护和建设美好生态环境而取得的物质成果、精神成果和制度成果的总和，是以人与自然、人与人、人与社会和谐共生、良性循环、全面发展、持续繁荣为基本宗旨的文化伦理形态。生态文明是人类文明发展的一个新的阶段，即工业文明之后的世界伦理社会化的文明形态，是人类社会进步的象征。

　　"水"本万生之源，"善利万物，处众恶之地而不争"。生态市政水系统正是基于上述理念指引，在市政水系统传统的工业化建设工作基础上，秉持文明的道德与社会的责任，用生态的理念和科学的辨析，格物致知，追本溯源，认真思考水性、水行和水品的本质与内涵，对水系统的源脉、动机、内因和外效进行分解与循证，以生态逻辑寻找其中的影响因素和关联价值，构建新的互动机理，在水脉运行中营造"生"的环节与可持续的行为。

　　关于经济发展衍生环境污染的问题，西方发达国家的工业化发展也都经历过从水污染到水治理的艰难过程。可以说他们今天的优美水环境与良好的水系统运行，是在经历水污染的痛苦和教训之后，认真思考和系统梳理，并采取严格的环境保护措施和科学的社会管理制度所共同产生的结果。在环境保护和治理方面，有专家曾经说过，西方上百年工业化历程所遇到的环境问题基本上呈线性流程次序出现，而我们是在十几年内同期、大面积叠加式爆发，故当前中国面临的生态水危机与环境水污染有自身的成因历程和具体条件，简单的技术模仿和盲目的流程照搬是不可取的。发达国家有许多可以学习的经验和借鉴的方法。

　　面对上述问题，我们的党和政府准确把握住了问题解决的核心与关键，及时提出生态文明建设的发展方向与目标，建设美丽中国，建设资源节约型、环境友好型社会，"经济建设、政治建设、文化建设、社会建设、生态文明建设五位一体，把生态文明建设放在突出地位，融入经济建设、政治建设、文化建设、社会建设各方面和全过程。坚持节约资源和保护环境的基本国策，坚持节约优先、保护优先、自然恢复为主的方针，着力推进绿色发展、循环发展、低碳发展，形成节约资源和保护环境的空间格局、产业结构、生产方式、生活方式，从源头上扭转生态环境恶化趋势……"。基于这样的理念，我们需要对"僵硬"的传统市政给水排水系统进行功能和效果的重新审视，用生态文明的观念来建设城市、优化环境和构建新型生态市政水系统。

3 逻辑与原则

当前中国正在全面进入生态文明发展阶段，市政工程涉水专业需要按照生态理论核心的关联、共生逻辑，重新审视传统市政水系统的功能、构成、作用及问题，调整思路，以生态的观点、从生态的角度、用生态的方法、以生态的形式、求生态的结果。通过我们对近十几年工作实践和所经历实际案例的思考和总结，认为实现生态市政水系统的关键是必须遵循"多维共生生态原则"，即"生态持续、技术可行、经济合理、过程可控、因地适宜、社会得益"六个共生要素。这是对党和政府倡导和推动的生态文明建设事业现实的践行与具体应用。只有这六个建设要素共同具备的项目才可以叫做生态文明建设项目（图1）。

在工作中依靠生态水科学的理论，分解给水的功能需求，分析污水的不同成因，区别输水的路线行程，观察水流的质能变化，总结水系的运转规律，重构"水脉"的循环再生。具体做法是：在供给侧，不把城市饮用水作为单一的供给水源，而是将项目范围内一切可规模化再生利用的水资源均视作项目水源；再进行需求分解，把项目中各种用水条件进行系统化

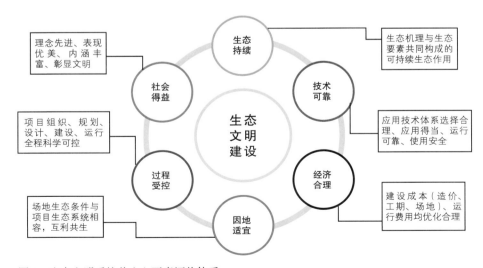

图1 生态文明系统共生六要素评价体系

区别分类，在水源和用水之间采用"多维共生生态原则"方法进行指标分解与条件比对，按结果最优方案和应对逻辑构建涉水系统，这其中包含了符合生态理论和生态机理可持续的生态项目目标，有效可靠的生态技术措施和技术系统，合理的建设成本与低运行成本，因地适宜的措施与建设，从设计到建设再到运行全连续受控的工作系统，具有优美形态和文化内涵的生态结果。按此逻辑进行组织、策划、规划、设计、建设、管理和运行的市政水系统就会建成为生态市政水系统。

下面的一些案例和技术措施，就是基于上述逻辑与原则的应用与探索。

4 实践与思考

通过多年在生态建设项目中的探索与实践，我们认为要实现良好的生态建设目标，尤其是涉水生态系统，以下几个方面要给予关注和重视。

4.1 生态组织——建设的基础

北京奥林匹克森林公园（简称北京奥森公园）的市政水系统，是迄今大型项目中少有的多种、多类生态市政水系统的集成与聚合。包含：城市给水系统、城市中水系统、中水生态深度净化灌溉及景观供水系统、多流态复合湖水循环生态净化系统、园区生活污水源分离处理景观回用系统、园区雨水生态化（收集、缓滞、截污、净化、调蓄、回用）处置利用系统、多水源多层次高保障森林公园消防系统、生活废物资源化利用系统（未全建），等等。建成近十年，各系统都在良好运行和发挥其功能，其中部分系统的生态技术特征至今仍在行业领先，被当今许多生态建设项目作为观摩样板和示范。如此多种、多类生态市政水系统的规划、设计、建设与实现，完全得益于当时为建设奥森公园组织搭建的、具有生态行为特征的工作组织系统。首先是有要实现"绿色奥运、科技奥运、人文奥运"建设目标的业主管理方——北京世奥森林公园开发经营有限公司；再就是有极具事业格局、品质追求、创新包容及生态合作精神的规划顾问团队——北京清华同衡规划设计研究院以及在他们协调管理下的几十家设计、工程、监理和服务团队，此外还有几百个各行业专家团队和给予保障支持的政府部门与合作单位。

园区各种市政水系统既要满足功能、保障使用，又要随坡就势、依型成景，还要合理建设、系统完成，同时还需要响应号召、实现理念。当时的建设背景又是时间紧、任务重、目标高、要求严。而园区涉水系统种类多、形式散、布局杂，干预因素多，要求也多。例如：一个路边沟水系要承担输水、汇水、滞水、净水等功能，符合自身的水力计算要求，还要具有景观有美化效果，同时还要伴路随型、适应种植，要与各种管线、设施相协调；本是路的附属工程，却要种植完成后才能实施，而与种植景观的衔接和后续维护都需要景观单位配合完成。北京奥森公园项目建设中发生了许许多多这样需要动态协调、相互理解、包容配合的事情。过程的经历和现实的结果可以说明，奥森公园的管理方、协调方和各参建方以及众多参建人员，整体形成了一个以终极目标为导向，心态开放、兼容并包、秉持原则、客观实施、科学询证、择优选用、动态协调、配合积极、共同维护，识大局、顾大体、求共赢，具有强烈生态组合特征的工作团队。北京奥森公园如此多的生态市政水系统，从规划设计到施工运营在不到三年的建设期内完成建设，并实现良好的运行和优秀的表现，与建设执行组织具有生态的目标、生态的理念、生态的合作、生态的运行、生态的氛围和生态的追求是密切相关的。

4.2 生态格局——系统的作用

各种简单直线式的市政水系统都谈不上生态的作用与功效，都只是在满足直接使用功能而已，且一种水系统与其他水系统基本无"有影响"的直接关联，只有通过高代价的工业处理手段才能使之再生与循环复用。理论上此类循环采用强工业化技术手段也可以实现并且有一定的运行保障度，但其系统是硬化的、运行是机械的，所需要的设施强度和经济代价都会很大，深度分析其能耗与碳排放足迹也会显示非环保的特征。

另外，许多项目把景观美化当作水生态治理的工作目标，或建设大型的处理湿地来表明进行了生态治理。这些阶段解决和表象改变都不是生态项目的实质。生态系统必须是有共生组群因素的环境、相互关联影响的逻辑和代谢往复持续维生的作用。生态建设就是按照要实现的生态行程目标，营造由关联物种可持续运行的生态环境系统。而生态市政水系统的构成在于通过生态的系统作用，整体考虑、动态关联、规模处置、循环复优，形成按整体生态逻辑运行的复合水资源系统，这实际上也是生态市政水设施的职责。传统市政水系统的做法就是将净水引入，在一定的规模范围内为用水需求提供可靠的水源及相应的供水系统，然后将用过的排水进行无害处置后排出。这样既形成水资源浪费，又带来弃水的次生污染。而生态市政水系统则是按水质、水量、水区、水时划分用水需求，再以同样机理区别排水的产生，并结合域内处理条件及可利用的生态潜质，对不同类别体系的排水进行经济有效的处理，使其优化再生成为满足域内或邻近区域使用要求的源水，再通过系统调配满足使用，在域内实现水资源的循环。

构建生态的市政水系统需要在构建区域与关联系统上，具备可形成生态循环优化逻辑的条件，一定要在生态体系格局下才能实现，不具备系统条件则谈不上生态实现。而生态市政水系统中一定具有生态作用的阶段和生态复优的价值以及产生连续性的生态作用。这些通过"多维共生生态原则"的方法即可明断。

4.3 生态能效——价值的结果

生态市政水系统与传统市政水系统的很大区别在于生态市政水系统具有复合型的生态能效。首先是来自于生态水系统源于自然机理方面的能效贡献。项目属地自有的"生态潜质"，利用空气、阳光等自然条件的助力，利用生物自身成长变化规律过程，聚合吸纳水中含有的物质养分，达到净化的目的。这个行程中促成变化的主体要素都是低利用成本的自然要素，再通过科学的生态工艺及流程的选择，提升生态系统的功能效率，营造稳定平衡的生态系统以降低运行成本，这样就可以在生态工艺方面降低处理成本。另外系统流程方面的能效贡献可分为两个方面：一方面来自于生态处理流程方面的水质能效贡献——在水质逻辑方面，传统市政水系统的执行标准中几乎所有的水质指标都是采用的"≤（小于等于号）"表示法，这些都是"以人为本"的用途依据；但在实际用水目的中，还有大量用水指标不需要达到人生活用水的洁净要求，如冲洗地面和植物灌溉等。当我们严格执行基本要求"≤"的标准时，就意味着必须以人工的手段，把大量的水中营养元素从高分子状态"撕裂"成单分子，这类"粗暴"行为也势必带来能耗的代价。而用有效生态的方式，对水中营养成分在低分解或直接状态聚合吸收，即无需采用人工赋能，而直接利用生态的成长规律实现水质净化，生态处理流程无疑是高能效的水质净化手段。另一方面是生态水系统的水势能效贡献——生态水系统设计的基本做法是"顺势而为"和"借水利生"。即规划设计的生态水系统的布局流程注意与地域内的水系水流相结合，将系统主流向依地势地形按重力方式进行处理流程的布设，一则实现势能利用减少流程能耗；二则是在流程中借助过程生态潜力段进行沿程生态水质提升与优化，实现低耗处理；再有就是利用流程中可调节空间作缓冲调蓄，借势能进行水流、水量调蓄以及流程控制和系统生态水优化与净化，此方面最好的案例就是都江堰无坝调水工程。

通过上述系统性势能行为可以看出，生态水系统的机能、构建和流程都有借"势"优势，可以带来实际、有效、稳定、合理的复合经济价值，使得生态水系统在达到同等甚至优于其他处理系统的处理标准与要求时，处理成本和运行费用将会有较大的节省与降低，综合实现优质低耗的生态水系统的建设目标。继而现实体现生态市政水系统对社会的又一直接利益贡献。

5 措施与应用

以下是一些在我们建设生态市政水系统工作中，所遇到的有较好功效的技术措施与实际应用。

5.1 北京奥森公园生态雨水系统比对"海绵城市"的建设要求

对比当前的"海绵城市"建设对项目的一般目标要求，从如下几方面

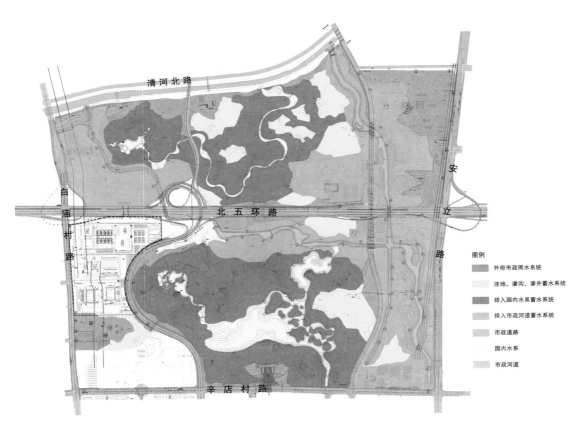

图2　北京奥森公园雨水汇水分区平面图

图3 北京奥森公园植草沟及雷诺护土沟（摄于 2011 年 08 月）

对北京奥森公园生态雨水系统进行比对说明：

（1）所有海绵城市建设均要求对年径流总量控制率及对应的设计降雨量进行明确的目标管理，北京市控制在 80%~85% 较为适宜，大型公园区域一般控制在 90%，多年的实际运行数据证明，北京奥森公园每年可实现雨水资源就地控制与利用率 95% 以上。

（2）除径流总量控制目标外，"海绵城市"建设一般应考虑径流峰值控制、径流污染控制、雨水资源化利用等不同的目标要求，就北京奥森公园而言，在径流峰值控制方面，整个园区的雨水径流全部汇集进入水系、主湖和洼里湖进行调蓄（图2），超量水体经水系两处溢流排至下游河道水系，具有明显的削峰作用；在径流污染控制方面，由于雨水收集以生态植草沟为主，在过路以及出水末端全部设置有沉砂井，因此在雨水收集的源头及末端均进行了有效的净化，同时雨水汇入水系内部后，水系通过湿地净化及水体内部生态系统净化，将稳定维持在地表水水质标准；在雨水资源化利用方面，以多年的全年运行数据看，通过雨水回收利用，园区折抵市政中水供应费用在 150 万元 / 年以上。

（3）按照"海绵城市"建设要求，在项目建成后应对城市热岛效应有所缓解，就北京奥森公园而言，经过长期的检测发现，北京奥森公园的建成，在夏季环境温度相比周边区域可平均降低 2~3℃，有效地缓解了城市热岛效应。

（4）在投资经济性方面，北京奥森公园的雨水系统竣工决算价格为投资单价不到 10 元 /m²，相比现在的"海绵城市"建设每平方公里 1 亿~1.5 亿元的单位投资相比，相差了 10~15 倍。

由此，在北京奥森公园的生态雨水系统良好运行 10 年后，对比当前的"海绵城市"建设项目，其依然具有系统构建更加完整，更加适宜于场地的特点，投资及运行更为经济合理，生态效益和资源化利用效益更加明显等优势（图3）。

5.2 分布式污水处理与原位景观式生态优化

分布式污水处理以"区域集中、就地收集、就地处理、循环再生"为原则，可以有效解决城市规划、发展与水资源处置及管理的矛盾，与传统的集中兴建污水处理厂方式相比，不仅可节省大量远距离传输管道和泵站的投资，还节约了土地资源，将有效改变区域污水处

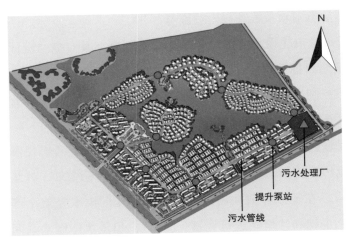 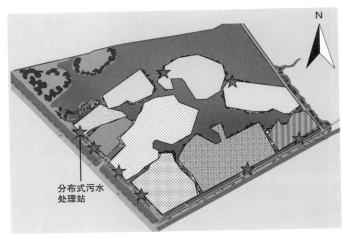

图 4　比选方案一：集中式污水处理厂方案　　　　　图 5　比选方案二：分布式污水处理方案

理现状，见表 1。该模式适用于分散聚居的农村地区，面积广大、地形复杂的大型公园的配套建筑，远离市政配套且开发面积大、开发周期长、分期分区开发建设的新建区域等项目。

以天津某开发项目为例，其规划建设用地面积 100 万 m²，水域面积 100 万 m²，项目启动建设于 2008 年下半年，计划 5 年完成开发建设，采取分期开发，分步实施的方式（图 4、图 5）。原规划建设有一处集中污水处理厂，除服务于本项目外，还需负担周边 20 万新农村建设用地的污水处理。规划设计中，对方案进行了优化调整。

集中与分布式污水处理场站建设对比分析表　　　　　　　　　　　　表 1

对比项目	传统集中污水厂	分布式小型水处理
管道敷设	自一期至污水处理厂的干线管道需要一次性敷设，同时由于服务范围大、管道埋深大、管径大，多处跨越水系及埋深较大处需要设置提升泵站	只需敷设分期开发所服务区域的管线，且管径小、埋深浅，无须设置提升泵站
初期投资	初期需要一次性建成集中污水处理厂及完成大干管敷设，投资巨大	初期只需要建成一期污水处理站及一期管线，投资分期，投资压力小
占地面积及对环境影响	整个污水处理厂位于建设区域内，核心占地 8000m²，辐射占地 15000m²，给周遍的住宅销售带来巨大压力	利用红线外边角建设全地埋式污水处理站，对周围环境影响降到了最低，同时取消大型污水处理厂后，15000m² 的用地上建设了 15 座 7 层住宅楼，不但节约了用地面积，而且提升了周围的土地价值，周围住宅楼没有了销售压力
建设期	需要至少 1 年半时间才能完成污水处理厂及干线施工	只需 3～5 个月即可完成一期的施工，施工周期短，投入运行及时

在2008年的经济性分析测算中，分布式污水排水处理系统设计较集中式处理系统共综合节省成本5821.96万元。而实际该项目自2008年开发至2017年仍未建设完成，则节省的投资及运行成本将远大于初期的估算分析额度。

此外，项目将场地西侧和南侧存在的现状黑臭沟渠在规划之初即要求予以保留，改造为区域大型景观湖体循环净化的生态沟渠，并构建沿生态沟渠分布式设置的污水处理站点，形成下游站点与上游站点的相互备用和组合利用，提高了小型处理站点的可靠性与保障度。同时，为保障水体水质及体现良好的景观品质，将所有模块化小型污水处理设备全部设置为地埋式，在其上部生态沟渠驳岸上建设污水处理的深度净化潜流湿地单元，经湿地净化后的水体出水至生态沟渠内进一步由水生态系统净化，既实现了由污水处理排放标准向地表水水质标准的提升，保障了生活污水污染的有效控制与净化，完成了处理功能与上部景观环境的有机融合，也实现了高档滨水居住区的品质提升。

该项目体现了分布式污水处理站点的灵活性与适应性，不必占用任何核心土地资源，完全利用"边角余料"用地或完全设置于景观绿化带下，不对周边居住环境带来任何的干扰与影响。

由此，该项目中分布式污水处理与景观生态优化系统体现了经济效益、生态效益与地产品牌效益的完美同步实现。

5.3 项目"生态水脉"系统的构建

把项目涉水系统视为一个整体，将多水源复合梯级供水系统、雨洪管理及雨水资源化、污水收集处理及资源化、地表水体污染治理及综合调配等融为一体，各细化系统相互关联，相互影响，统筹考虑，构建形成"生态水脉"系统。

以北京2019世园会项目为例，"生态水脉"是在尊重自然、顺应自然的理念指引下，坚持最小扰动的原则，将现状鱼塘、水渠、湿地最大程度地保留下来（图6），并结合新的规划思路与布局合理增补水域面积，从而在园区构建一条"融于景观、控上保下、多效复合、贯穿园区"的水系主脉，集汇水、蓄水、净化、传输、调配供水等多种功能于一身（图7、图8）。

"生态水脉"由最初理念阶段的全静脉体系衍生出与生态水动力供水系统组合而成的动脉合一的体系，实现了概念的活化应用与体系升级。

图6　绿化带下地埋式处理站点及后续生态净化区

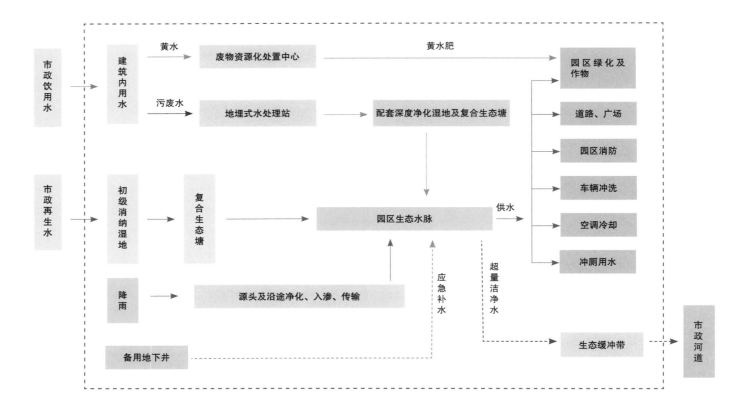

图 7 北京 2019 年世园会多水源复合梯级供水系统图（概念性方案阶段）

6 认识与体会

　　尽管以上我们都在说生态的功能、生态的作用和生态的价值，但绝不是说凡事都非"生"不可，一"生"就灵，决不可盲目追求形式的生态和指标的生态。从人文的角度看，生态文明建设具有哲学的属性与特征，可以在思想和动机方面产生影响和作用，是世界观、价值观和方法论的集成效应与结果。要用生态的观点营造生态，用科学的分析理解生态，用客观的态度对待生态体系、生态工作和生态项目。在做法上要"秉持生态的理念、遵循生态的逻辑、坚持生态的原则、明确生态的目标、采用生态的方法、搭建生态的组织、实施生态的行为、呈现生态的结果。"

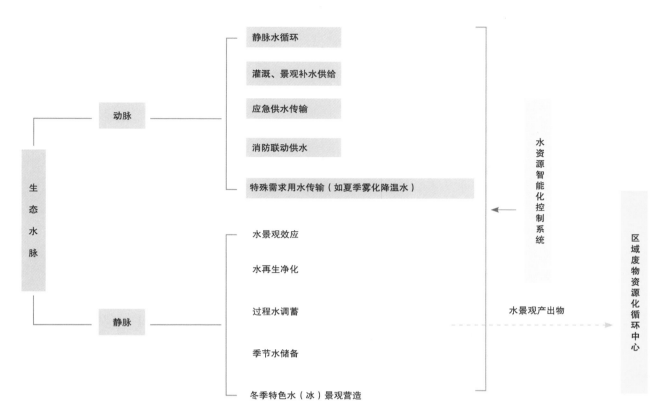

图 8　北京 2019 年世园会 "生态水脉" 功能图（概念性方案阶段）

　　在当前城镇化建设持续进行的高潮中，传统市政水系统的建设惯性如不融入新的生态观念加以改变和调整，必然带来严重的水资源浪费与缺乏并存，市政水系统建设和运管代价增加以及城镇涉水环境和生态劣化等问题。城镇市政水系统必须改变以往"僵硬"和"单线程"模式，调整和改造为"复合"与"循环式"系统模式，坚持"生态优化、经济合理、技术可行、过程可控、场地适宜、社会得益"六个共生要素的同存并重，将城市水循环工程综合营造成与自然相融的"生态水脉"，以生态的道德配合职业的智慧，全面实现市政水系统的生态规划、生态设计、生态建设、生态运行，使生态市政水系统为社会的生态文明建设体现价值和作出贡献。

《园冶》雨洪管理思想研究

韩毅

雨水降落在地面之后，一部分直接蒸发，一部分参与植物的呼吸蒸腾作用，还有一部分渗入地下，其他在地表低洼处汇聚形成河流湖泊，这是正常的陆地水文过程。当我们进行城市建设时，场地的水文情势必然随之改变，如不谨慎处理就会给我们的生产生活带来麻烦，甚至危及生命。因此雨洪管理非常重要。人类对于雨洪的管理历史悠久，从简单的壕沟发展到今天复杂的城市地下管网系统，在不同的历史时期，出于不同的目的和经济技术条件，人们对雨洪管理的内容、方式、手段亦有所不同。俗话说："无古不成今，研今必习古"。那么，在我国古人追求理想生活环境的营造活动中，造园家们是如何通过选址及规划设计来应对雨洪问题的呢？对我国今天的城市建设会有哪些帮助呢？我们不妨到世界最早的造园学经典著作——《园冶》[1]中去寻找答案。为避免对古文理解的歧义，下文引用的古文和释义均出自张家骥先生译注的《园冶全释》一书。

1 《园冶》雨洪管理思想分析

《园冶》是中国第一本园林艺术理论著作，由明末造园家计成所著，该书是研究中国古典园林的经典之作。在《园冶》当中，有多处提及造园理水的规划原则，也有具体到场地细部的雨洪利用的巧妙做法，其雨洪管理思想可概括为保证用地、随形就势、水脉相通、因雨成景、因雨生情等五个方面。

1.1 保证用地

用地和空间是雨洪管理的两个基本条件，在《园冶》中提到三种造园用地的类型及其水体设计安排：

在郊野地区，"约十亩之基，须开池者三，曲折有情，疏源正可。余七分之地，为垒土者四，高卑无论，栽竹相宜"（《园冶·村庄地》）。这段文字提出了一个私家园林基本用地比例，其中，水体的用地和建筑用地面积相当，建筑用地排出的雨水可就近排入自家水池之中，"肥水不流外人田"。尽管《园冶》作者没有解释这种造园用地水体面积的科学道理，但是在多雨的江南，在建设用地中保留水体用地蕴含着朴素的雨水收集观念。

在城市地区，"市井不可园也；如园之，必向幽偏可筑……；临濠蜿蜒，柴荆横引长虹，院广堪梧，堤湾宜柳；别难成野，兹易成林"（《园冶·城市地》）。这段话的意思是在闹市区不适合造园，而地方偏僻、靠近城市壕沟、易于植树的地方适合造园。从雨洪管理角度看，近沟渠，则易于给水排水；有绿地，则有利雨水下渗和减少地表径流。

如果只有一狭小院落，如何给水留出空间呢？"宅旁与后有隙地可葺园……开池浚壑，理石挑山（《园冶·旁宅地》）"。我国古代文人造园，雅好山水，只要有一隙地，就要叠山理水。在小庭院中做深的沟壑式水池，并叠以山石，培土种树，充分利用了竖向空间来营造蓄水场所，使得小院亦有山林幽深之趣，同时解决了雨水存蓄的问题。

在图1中列举的五个例子，分别代表从郊区到城市的不同用地类型，第一个是湖州小莲庄，园子占地27亩（1亩≈667m²），水面近10亩，凸显水乡野致；第二个为位于苏州城娄门内的拙政园的一部分，面积18亩，

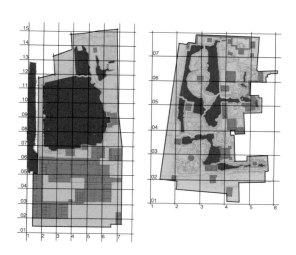
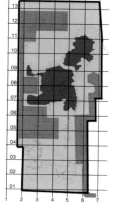
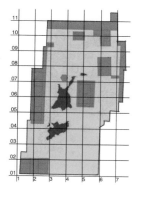
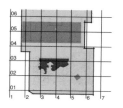

小莲庄：网格宽度 15m，水面面积占用地 1/2　　拙政园：网格宽度 30m，水面面积占用地 1/3　　小盘古：网格宽度 4m，水面面积占用地 1/4　　个园：网格宽度 20m，水面面积占用地 1/10　　天一阁：网格宽度 4m，水面面积占用地 1/4

图1　江南私家园林水面比例对比图（图片来源：作者摹自《江南私家园林》，顾恺著，2013年）

可以看出"一池三山"的布局特征，水面占到 1/3 左右，水景以幽奥为特色，山体占据较大的比重；第三个为扬州小盘谷，位于扬州城南丁家湾大树巷内，为附宅之园，占地仅约 2 亩，水面所占比重较大，占到中央庭院的 1/2 左右；第四个为扬州个园，面积约 9 亩，是宅后园的典型，该园的正厅名为"宜雨轩"，是抚琴听雨的好场所，水面面积不大，占园子的 1/10 左右；最后一个为宁波天一阁庭院园林，天一阁南面的园林占地面积约 0.5 亩，是藏书和读书的场所，园中水池面积约占 1/4，水池还起到消防的作用[2]。

1.2 随形就势

中国园林追求的目标是"虽由人作，宛自天开"。实现这一目标的基本设计方法一是依自然地势进行建设。"园基不拘方向，地势自有高低……高方欲就亭台，低凹可开池沼"（《园冶·相地》）；"谅地势之崎岖，得基局之大小"（《园冶·郊野地》）。"高阜可培，低方宜挖"（《园冶·立基》）。这种"随形就势"的方法在北方皇家园林中体现得更为明显。避暑山庄在山体的东南侧汇集几条山沟的溪流形成水面，又建芝径云堤，形成中央水景区，将蓄洪、分洪及景观营造结合在一起，位于西北侧的山体不断将冷空气通过山谷，沿着河流送入宫殿区，形成冬暖夏凉的气候条件（图 2）。颐和园利用了现状的翁山泊水库、万寿山等自然山水环境营造了皇家离宫别苑，万寿山与昆明湖很好地衬托了佛香阁的宏伟壮观。同时昆明湖发挥了灌溉、军事及增湿降温等功能，万寿山北坡的排洪沟也经过了精心的设计，变成了休闲娱乐的滨水商业街（图 3）。

1.3 水脉相通

中国古代但凡造园必重视水脉畅通，并重视水情水势的变化。"卜筑贵从水面，立基先究源头，疏源之去由，察水之来历"（《园冶·相地》），"曲折有情，疏源正可"（《园冶·村庄地》），"疏水若为无尽，断处通桥"（《园冶·立基》）。江南园林造园最重视理水，建筑布局要与水面协调，在确定基础位置时仔细分析水源地的方向，水从哪里来再到哪里去，这是造园设计成败与否的关键；水渠的流动过程要曲折而有情趣，不是直来直去，这样既可以控制流速，又可以在有限的空间里增加水的蓄存空间；水体的设计应与建筑环境整体设计，使水体景色富于变化，并注意隐藏出水口，使水景的意境更为深远。

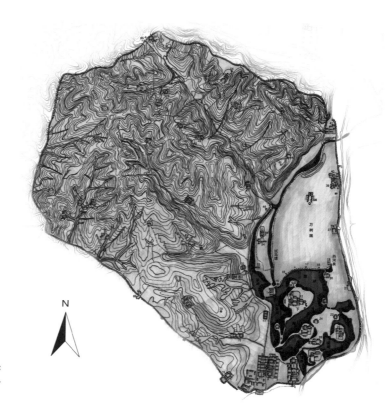

图 2　承德避暑山庄平面图（图片来源：
王鹏摹自《中国古典园林史》第二版，
周维权著，2008 年）

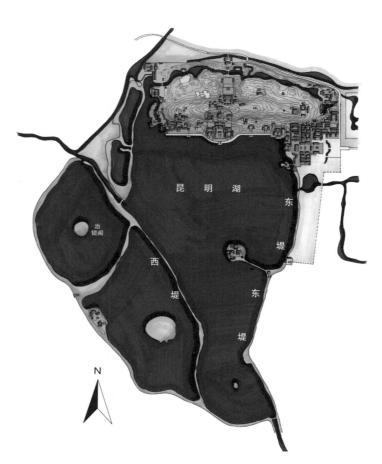

图 3　北京颐和园平面图（图片来源：
王鹏摹自《中国古典园林史》第二版，
周维权著，2008 年）

1.4 因雨成景

在《园冶》中有一段文字非常精彩，不仅证明了古人在造园时重视雨洪管理，同时提出了对雨洪管理更高层次的要求。在"掇山·瀑布"一节中记录了从屋顶开始收集雨水，经过假山跌入池塘的雨洪管理过程[3]。文中道"先观有高楼檐水，可涧至墙顶做天沟，行壁山顶，留小坑，突出石口，才如瀑布。不然随流散漫不成，斯谓'坐雨观泉'之意"。这段话讲述的是从高楼上落下的雨水，如不加管理则会"随意冲刷，不成景致"，于是造园者在墙顶做天沟，引到靠墙的假山顶，挖小坑留水口，一到下雨时就会形成瀑布，这在多雨的江南确有情趣，苏州环秀山庄就是一个利用雨水形成山泉的典型案例（图4）。

1.5 因雨生情

城市内涝为现代城市生活增添了很多烦恼，人们时常谈雨色变，但是在我国古代造园家的眼中，自然界的雨水亦可成景，很多私家园林的提景匾额上都有与雨水相关的内容，比如拙政园中的"留听阁"就出自李商隐"留得残荷听雨声"的诗意。雨水和动物植物共同形成的、引人思绪的景观描写也多次出现在《园冶》中：

夜雨芭蕉，似杂鲛人之泣泪。（园说）
隔林鸠唤雨，断岸马嘶风。（郊野地）
常余半榻琴书，不尽数竿烟雨。（傍宅地）

在《园冶》作者所居住的江南，雨水较多，雨水的类型也较多。既有缠绵的梅雨，又有滂沱的台风暴雨，也有季风带来的强降雨，不同的降雨会使人产生不同的心理感受，在雨中动物与植物的活动亦成为造园家亲近自然的好伴侣。因此对江南造园家来说，雨景是不可或缺的景观元素。

2 小结

《园冶》的雨洪管理思想可以用"人与天调，借雨成景"八个字来概括。江南私家园林和北方皇家园林都非常重视水景的营造，这里既有我国独特的山水诗画艺术的影响，同时也是对自然雨洪条件的适应。由于长江中下游平原汛期时间长，雨水量大，地下水位高，居住环境必须要做好

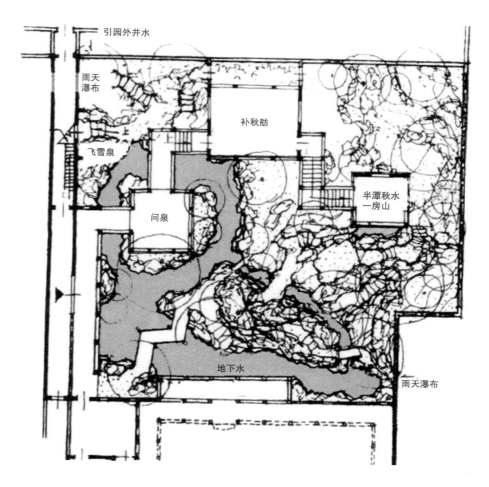

图 4　环秀山庄雨水瀑布分析图（图片来源：中国风景园林传统水景理法研究[3]，陈云文，2013 年）

参考文献

[1] 张家骥.园冶全释 [M].太原：山西人民出版社，1993.

[2] 顾恺.江南私家园林（中国古代建筑知识普及与传承系列丛书.中国古典园林五书）[M].北京：清华大学出版社，2013.

[3] 陈云文.中国风景园林传统水景理法研究 [D].北京林业大学，2013.

"防涝"工作，在此基础上，逐渐形成了亲水的生活方式，比如在庭院池塘里养荷花、采藕、养金鱼、划船、玩泥巴、摸鱼抓虾等等大众活动，高雅的文人士大夫更生出抚琴听雨、坐雨观泉、曲水流觞等等与雨水相关的审美与娱乐活动来。北方皇家园林多选择森林茂密的山前丘陵区造景，通过山泉水及雨水收集，蓄积到人工湖与渠塘之中，将雨洪管理的水利工程与游憩、农业灌溉、漕运和军事等多元功能整合在一起。总之，中国古代的造园家们将雨水作为景观资源，在适应的基础上将雨洪管理与人们的生产生活有机地结合在一起，形成富有诗画意境的人居环境。

城市水景观规划工作方法总结

针对中国国情和城镇化中出现的问题，在过去十多年的城市水景观实践过程中，我们逐渐形成了一套有效的工作方法，现分享如下：

第一，坚持科技创新。

风景园林规划设计是科学、工程技术与艺术的完美结合。因此，我们一方面要积极学习前沿科学理论，另一方面要利用先进的信息技术手段构建设计队伍。首先，我们在实践中引进西方景观生态学理论和地理信息系统工作平台，用于城市尺度项目的生态分析；其次，在设计的工具上不断引进新技术，比如利用无人机测绘、三维实景建模等新技术来快速实现城市尺度的项目可视化建模的工作，使场地设计的三维效果更加逼真；最后，加强推进绿色发展理念相关技术研究，在"健康城市"、"海绵城市"和"城市双修"等领域进行了大量探索与实践。

第二，严谨负责的工作态度。

"行胜于言"的清华校风决定了我们的工作作风。以现状大树测绘为例，由于我国 1：500 的地形测绘图不提供准确的大树定位。为了保护现状树，设计团队用 GPS 在现场一棵树一棵树地核定大树的坐标，弥补了我国 1：500 测绘图不能提供单株大树数据的不足，同时编撰大树档案，便于后期设计时加以保护利用，也为甲方确保低影响开发提供准确的现场资料。

第三，多专业协作。

吴良镛院士提出的人居环境科学的基本框架、方法论及规划设计方法论，让我们对风景园林专业的定位以及开展多专业协作的必要性有了清楚的认识。通过实践我们认识到，任何一块绿地都不是孤立的，不是简单套用风景园林相关规范就能很好地完成工作。在实践过程中，我们努力做到两点，第一，努力在工作中学习，掌握相关学科的"共通部分"，在复杂

胡洁

何伟嘉

朱晨东

梁伊任

刘海龙

韩毅

图1　本书主要编委的照片

的专业协作中，发挥"胶水"作用，将不同专业的技术工作整合在一起，最终完成优美宜人的城市水景观。第二，在项目运行过程中虚心向公众学习，虚心向当地的专家学习，向不同专业的管理部门学习，进行广泛的公众参与是保障多专业配合质量的有效途径。

第四，发掘、传承和弘扬中国传统生态智慧。

我国学术界有如下共识，"我们认识到，中华传统生态智慧与生态实践既是人类生态文明的重要组成部分，也是中华民族对世界文明的卓越贡献之一，其在指引中国避开现代化前途上的暗礁、引领世界生态文明方向、营建可持续的人类命运共同体等方面的引导作用无可替代；同时，其学术意义和认识论价值也不容忽视"。[1]中国古代很多工程使用了几百年甚至超过千年，其"可持续利用"的水平，"低影响开发"的实际效果，甚至艺术审美所达到的高度，以及其因地制宜和整体性规划设计的思想，非常值得我们学习并应用于当前的城镇建设。

参考文献

[1] 沈清基，象伟宁，等 . 生态智慧与生态实践之同济宣言 [J]. 城市规划学刊，2016.05:134–136.

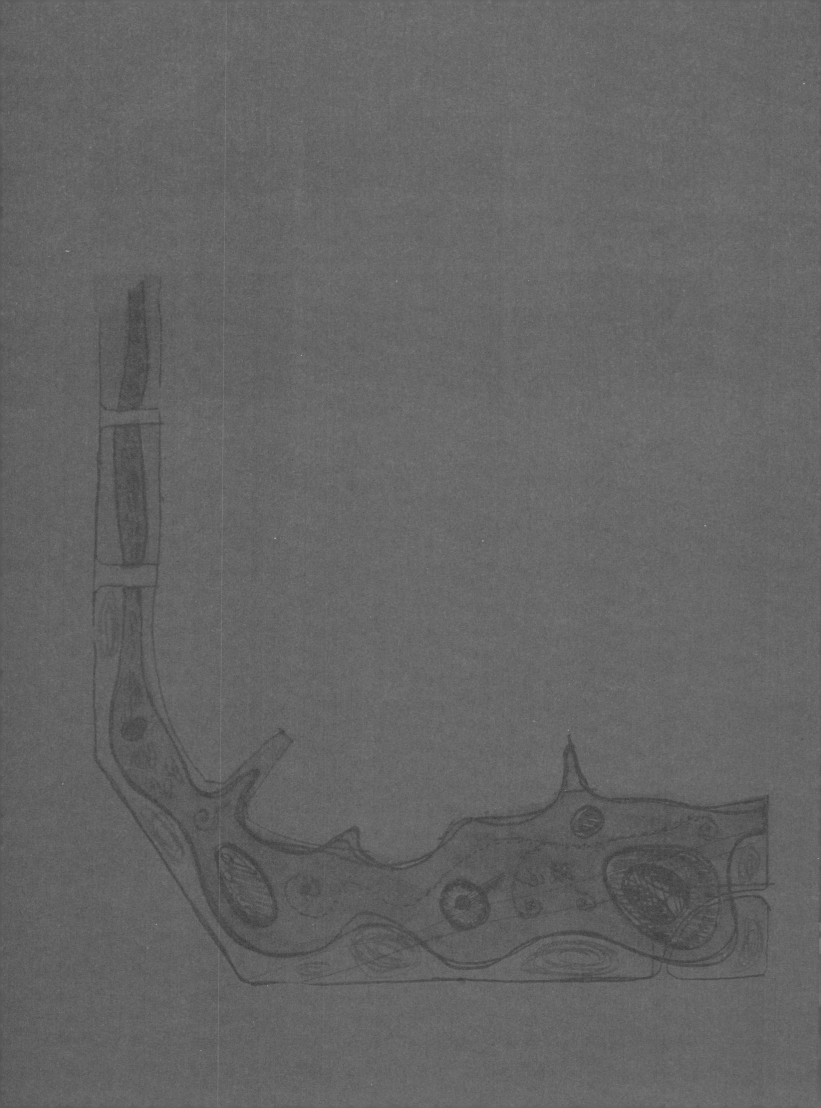

城市客厅河道景观
规划设计

城市河道滨水空间与城市发展

贾培义　韩毅

1 河流与城市

人类自古逐水而居。河流是陆地表面上经常或间歇有水流动的线形天然水道，是人类及众多生物赖以生存的基础，也是人类文明的摇篮。自古以来河流就与城市的产生和发展息息相关，河流不仅为人类社会提供稳定的水源与肥沃的土壤，也是城市物资运输的交通廊道，还是容纳人类废弃物和污染净化的主要场所。河流与城市的密切关系是多方面的，它不仅孕育了城市，养育着人民，而且创造了城市文化，它在经济、社会和环境方面促进和制约着城市发展，河流在城市的空间形态、历史印记、文化特征等方面亦留下不可抹去的影响，因此很多城市都将穿过城市的河流称为"母亲河"（表 1、表 2）。

中国部分城市河流小计　　　　　　　　　　　　　表 1

城市	河流	城市	河流	城市	河流
北京	永定河	合肥	南淝河	成都	府河、南河
天津	海河	福州	闽江	贵阳	南明河、市西河
上海	黄浦江、苏州河	南昌	赣江、抚河	昆明	盘龙江
重庆	长江、嘉陵江	济南	小清河	西安	渭河
太原	汾河	武汉	长江、汉江	兰州	黄河
沈阳	浑河	长沙	湘江	西宁	湟水、南北川河
南京	长江、秦淮河	南宁	邕江	香港	维多利亚港
杭州	钱塘江、京杭运河	海口	海甸河、横沟河		

世界著名城市河流小计　　　　　　　　　　　　　表 2

著名河流	塞纳河	泰晤士河	哈德逊河	波托马克河	莫斯科河	多瑙河	莱茵河
城市	巴黎	伦敦	纽约	华盛顿	莫斯科	布达佩斯、维也纳	巴塞尔、鲁尔鹿特丹

2 城市河流滨水空间的发展演变

人类文明的发展历史可以粗略划分为远古时代（公元前）、古代（公元后至1600年）、近代（1600年至1900年）、现代（1900年至1960年代）和当代（1960年至今）五个时期，城市滨水空间的利用随着不同时代的社会、经济和文化的变化而变化。

在远古时代，防洪技术及造桥技术的提升，使得城市与河流的关系不再局限于保持安全的距离。美索布达米亚平原上的巴比伦古城在4000多年以前就建起了跨河的大型城市，壮丽的"空中花园"和马尔杜克塔庙等建筑奇观就矗立在幼发拉底河边[1]。中国的秦代咸阳城建有连绵数百里的宫苑群，"渭水贯都，以象天汉，横桥南渡，以法牵牛"[2]。上面谈到的远古都城的河流景观主要为政治、宗教和军事服务，河流成为烘托帝都宏伟威严气势的主要元素，除此之外，还将军事防御及民生相关的运输、取水、灌溉和游憩功能整体规划。这种河流与城市整体规划的做法及其美学所达到的高度，对于后世的城市滨水区规划产生了深远的影响。

在古代，中国的城市文明受益于航运技术和水利工程技术，辽河、海河、黄河、淮河、长江和珠江等水系通过人造运河连接在一起，形成"水上高速运输网"，证明华夏先人在洪水控制、水资源及漕运管理等方面达到了相当高的水平，支撑了汉唐、宋元明清等一个又一个疆域庞大的帝国，商业繁荣的城市几乎都是水运枢纽城市（图1）。比如，在隋唐之后形成的京杭大运河水上运输网，兴起一批水运枢纽城市如苏州、扬州、镇江等南方城市，临清、济宁、天津等北方城市[2]，这些城市的滨水区商业活动极为繁荣，人居环境的风景园林化的趋势非常明显，大量具有山水风光优势的水域被皇家、贵族和富商据为己有，形成物流、制造、商务、居住、休闲于一体的功能复合的滨水区，对比世界其他地区，中国古代城市滨水区的商业、文化活力首屈一指，在欧洲恐怕只有威尼斯可以与之相提并论。

到了近代，工业化在欧洲开始成为发展的主导力量，滨水空间出现了以工厂、码头和仓库为地标的土地利用方式。工业革命后，城市河流的首要功能是交通运输功能、工业供水和排水功能。因此，滨水空间首先是作为产业空间存在，工业区向滨水空间聚集，确立了产业资本对滨水空间的控制，生活功能受到排斥。在北美，铁路出现以前的发达城市几乎都位于航道上，如美国的纽约、波士顿、巴尔的摩以及加拿大的蒙特利尔等城

图1 清明上河图局部

市。同时，工业污水、废气和垃圾的排放也使滨水空间出现严重的污染（图2）。无论是在阿姆斯特丹，还是在伦敦、纽约、新加坡，都曾经历过这样的阶段[3]。目前我国航运条件好或取水方便的城市河流两侧用地仍然以工业用地为主。

之所以把当代的时间起点选为1960年代，是因为在1962年《寂静的春天》一书在美国问世，标志人类进入主动关注环境的时代，环境污染正

图2 美国的钢厂占据河湖的滨水区（图片来源：（美）刘易斯.芒福德著，城市发展史——起源、演变和前景，北京：建筑工业出版社，2004年）

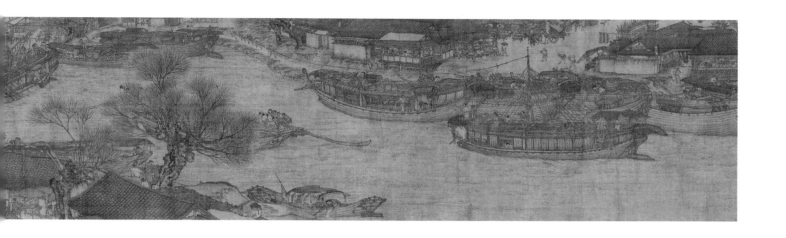

伴随着全球化而对人类整体生存产生威胁。在 20 世纪 60 年代之后，经济日趋全球一体化，随着世界性的产业结构调整，发达国家城市滨水空间经历了一场"逆工业化"过程，其工业、交通设施和港埠呈现一种加速从中心城市地段迁走的趋势。这种现象包含着工业企业从城市迁移到郊区，或者迁移到发展中国家，如从日本迁移到中国和其他东南亚国家，从北美迁移到墨西哥。港口也因轮船吨位的提高和集装箱运输的发展而逐渐由原来的城市传统的中心地域迁徙到下游的深水区域[3]。此外，随着中产阶级的崛起和劳动方式的改变，许多人有了更多的闲暇时间，对生态环境、旅游休闲提出了更高的要求，河流的自然特征及生态价值日益为社会所重视。城市河流正在成为一个城市生态安全水平的"指示器"。

3 河流滨水空间与城市客厅

3.1 城市客厅的概念

客厅是一个家庭的公共使用空间，是接待亲朋好友或茶余饭后家人们一起休闲聊天的地方。在装修方面，比较讲究的家庭会借客厅装修来展示其文化品位、性格特征及家庭财富。"客厅"经常被城市规划专家用来描述城市重要的公共空间，以区别城市生产、居住、交通、文化及生态等功能。"城市客厅"是一个城市的"门面"，对整体环境的美感与舒适度要求很高，"城市客厅"要满足人们休闲、娱乐、健身、交往和购物等方面的功能需求。"城市客厅"人流量一般较大，通常由大流量的交通枢纽、街区、广场和商业建筑等城市空间要素构成。在我国当代城市发展过程中，广场或步行商业街扮演"城市客厅"功能的历史较长，影响较大；而在航运条件好或水资源丰沛的城市，拥有最佳自然景观品质的滨水区往往会成为"城市客厅"功能的首先选择。

3.2 滨水城市客厅开发策略

国际上关于滨水区复兴的实践方兴未艾，我国正处于起步阶段，基于国际经验，滨水城市客厅的规划主要有三个方面的工作：

（1）重组滨水空间用地功能提升城市吸引力

城市滨水空间是一个城市的门户所在，无论是航道运输还是文化娱乐，滨水空间都是最明显的视觉亮点。同时，滨水空间也是日常休闲、旅游观光、承办社会活动和节日庆典的理想选择地带，其吸引力决定着该滨水空间在城市中的重要地位，提升城市在人们心中的良好印象。以美国巴尔的摩内港区改建为例，巴尔的摩内港区港湾市场是美国东海岸游客参观游玩的主要目的地之一，其原因在于内港区拥有许多丰富多彩的休闲项目吸引游客[4]。

（2）混合形态带来活力与经济效益

滨水空间由于其丰富的景观、良好的环境等，更易形成多功能的混合开发形态。通过将商业、文化、旅游、娱乐、公园、居住和服务融于一体，产生持久的活力。滨水混合开发会带来更好的灵活性和弹性，带来更高的经济价值和社会效益。波士顿、波特兰、巴黎等世界著名城市，都因滨水区的混合开发带来了城市的更新[4]。

（3）水体综合整治改善生态景观环境

河流等滨水区是不可多得的净化城市环境的生态保护用地。城市生态环境相对较差，防洪排涝、生物多样性等河流固有的生态功能，也常被城市发展所威胁和破坏。通过河流滨水区的综合整治，可提升河流的生态系统安全水平，并为城市活力、城市发展带来契机和动力。以德国"近自然河流治理"理念为例，德国学者赛弗特（Seifert）首先提出了"河川整治"的概念。他指出工程设施首先要具备河流传统治理的各种功能，比如防洪、供水、水土保持等，同时还应该达到接近自然的目的，还特别强调了河流治理工程中美学的成分[5]。

参考文献

[1] 刘昌玉 . 科尔德威与巴比伦城的考古发掘 .[J] 大众考古，2015，（03）：33–36.
[2] 吴良镛 . 中国人居史 [M]. 北京：中国建筑工业出版社，2014：9.
[3] 王建国，吕志鹏 . 世界城市滨水区开发建设的历史进程及其经验 [J]. 城市规划，2001，（07）：41–46.
[4] 张沛佩 . 城市滨水空间活力营造初探 [D]. 中南大学，2009.
[5] 付飞，董靓 . 城市河流景观规划设计研究现状分析 [J]. 城市发展研究，2010，12：8–11.

辽阳太子河城市客厅
景观规划设计

时间：2011 ~ 2013 年

地点：辽宁省辽阳市太子河区

面积：1254hm²

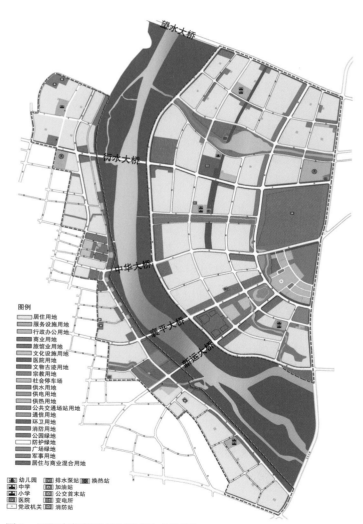

图例
- 居住用地
- 服务设施用地
- 行政办公用地
- 商业用地
- 旅馆业用地
- 文化设施用地
- 医院用地
- 文物古迹用地
- 宗教用地
- 社会停车场
- 供水用地
- 供电用地
- 供热用地
- 公共交通场站用地
- 通信用地
- 环卫用地
- 消防用地
- 公园绿地
- 防护绿地
- 广场绿地
- 军事用地
- 居住与商业混合用地

- 幼儿园　　排水泵站　　换热站
- 中学　　　加油站
- 小学　　　公交首末站　变电所
- 医院　　　公交首末站
- 党政机关　消防站

图1　辽阳东部新城控制性详细规划图

项目背景

辽阳是一座有着近 2300 年悠久历史的古城。从战国时期的燕国陪都到忽必烈所建的东京，辽阳在东北地区大部分时间都扮演着政治、经济和文化中心的角色，其文化底蕴不亚于盛京沈阳。这一地位的形成离不开太子河充沛的水资源。至清代以前，太子河北可同沈阳通航，南可经辽河口入海，东达山东、日本和朝鲜。辽阳一度是东北地区进入内地的水运枢纽城市。

辽阳市在 2012 年修编的城市总体规划中决定向东跨过太子河发展。太子河城区段河道宽度平均 500m，水量相对充沛，城市三面环山，山水环境优越。目前，由于辽阳市的文化及自然风景资源并没有得到充分的开发，旅游业发展滞后，城市绿地空间不足，因此希望通过整治太子河的景观环境来促进新城的发展。

辽阳东部新城总规划面积 16.61km²，起步区 3.41km²，近期景观建设的重点是"一带一轴"。"一带"是指太子河城区段 9km 旅游观光带，滨水区域主要为居住、商务办公、旅游酒店及运动休闲功能。"一轴"是指了高山至太子河之间构建的行政及文化走廊。"一轴一带"的交汇点被称之为辽阳"城市客厅"。本项目规划面积 12.54km²，其中河道用地面积约为 8km²（图 1）。

图2　辽阳太子河城市客厅规划前卫星图

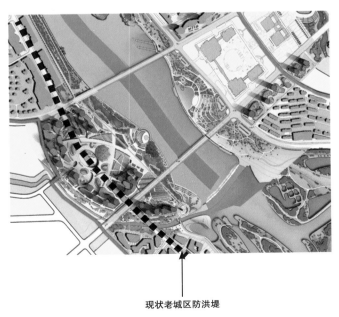

图3　辽阳太子河城市客厅景观规划图

规划要点

城市客厅类河道风景园林规划的工作过程是园林、规划和水利等专业努力追求最佳平衡点的过程。与水利专业配合的重点是防洪安全，在本项目中风景园林师需要了解三个与水利部门配合的问题：

（1）规划中是否可以改变已经建设的堤防？（图2、图3）

（2）规划跨河步行桥、码头等景观设施应注意什么？

（3）是否可以在大型河道内设计音乐喷泉？

图 4　规划用地建设前卫星照片

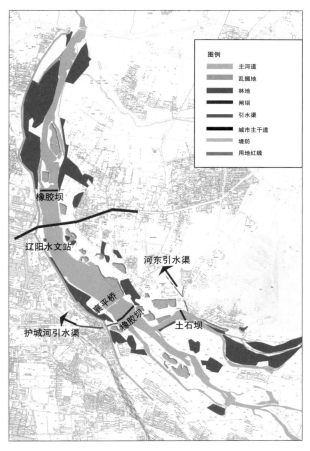

图 5　辽阳太子河城区段林地及乱掘地分布

1　太子河水文情况

　　太子河流域位于辽宁省中东部（40°28' ～ 41°40'N，122°25' ～ 124°55'E），流域面积 13883km²。太子河全长 464km，年均径流量 26.86 × 10⁸m³。年降水量 655 ～ 954mm，年蒸发量 734 ～ 1018mm。流域内主要自然植被类型为落叶阔叶林，上游地区为低山丘陵，植被保护较好，覆盖率达到 50% 以上。中、下游为平原区，土地开发程度高，流域内分布有鞍山、辽阳、本溪 3 个工业城市。

　　太子河上游修有 3 座大型水电站，规模最大的是观音阁水库，主要供本溪市使用。汤河水库和葠窝水库建在辽阳市境内，对辽阳市城市防洪和供水起到保障作用。但是，大型河道上游修建水库会对河道的水流情势产生影响，根据张远等人的研究表明：①太子河流域水库建设改变了河流的基流过程，减少了汛期基流，增加了汛前基流；②增加了辽阳河段断流的频率和历时；③减少了汛期洪水的发生次数，增加了汛后中小型脉冲流频率和历时。太子河水库建设导致了显著的水文变化，具有负面生态效应。[1]

2 建设前场地用地分析

建设前太子河两岸位于老城市边缘地带，滨水区主要的土地利用方式是仓储、村落、农田和防护林。河道内部有少量的林地，主要品种是杨树，沿河还生长着小片的柳树。河道内大小不一的取土坑（图 5），是城市建设取土采砂留下的痕迹。两河交汇区内的河滩开阔处被当地农民开垦为菜地。图 5 中橙色线是老城区的大堤线，防洪标准是 200 年一遇。河东新城区的堤防暂为 20 年一遇。在设计团队进场的时候，当地水务部门正在组织钢筋混凝土护岸的施工（图 6、图 7）。

图 6　太子河城区段规划前照片 1（摄于 2011 年 02 月）

图 7　太子河城区段规划前照片 2（摄于 2011 年 02 月）

3 滨水区用地总体规划情况

图 8 是城市总体规划中滨水区的规划用地分析图。红色的部分是本次规划新增的规划用地，黄色的部分是已经完成规划的用地。规划河段两侧的用地性质以居住和商业为主。河东新城的中轴线用地在襄平大桥和新运大桥之间。这张图中画出了常水位线、河道用地线、滨水区近期重点开发的建设地块范围线。河道用地总宽度范围 500 ~ 1000m，襄平大桥以南是两河交汇湿地，宽度 3km 左右。

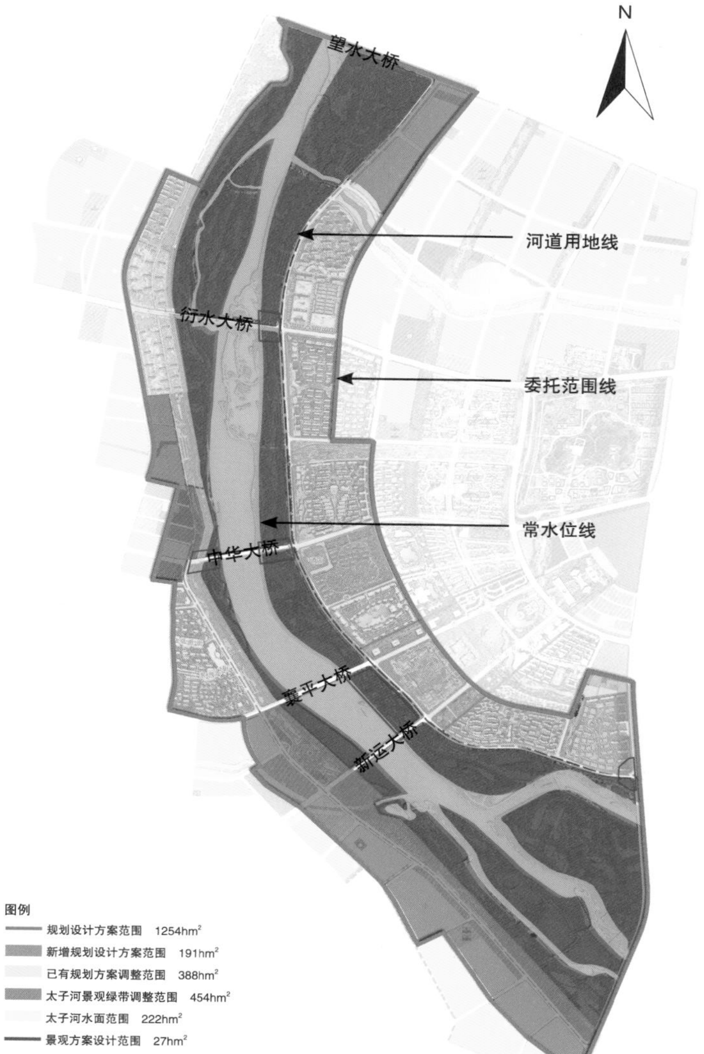

N
望水大桥
河道用地线
衍水大桥
委托范围线
常水位线
中华大桥
襄平大桥
新运大桥
图例
规划设计方案范围 1254hm²
新增规划设计方案范围 191hm²
已有规划方案调整范围 388hm²
太子河景观绿带调整范围 454hm²
太子河水面范围 222hm²
景观方案设计范围 27hm²

图 8　项目范围及用地分析图

4 河东新城轴线规划设计

城市客厅是太子河风光带的高潮点，位于河东新城中轴线与太子河的交叉区。整个轴线建设用地地形平坦，位于太子河的二级阶地上，行政区和西岸商业区的场地标高都在 30m 以上，不仅安全，而且有良好的景观视线。河东新城的中轴线建筑群经整体规划完成，轴线呈东北—西南走向。东北端依山而建的是市政府行政办公区，向南是利用现状小水库建设的音乐公园。政府正对的规划建筑是音乐厅，再向前是博物馆、展览馆和文化宫及东城滨水广场。再向前是宽度约为 500m 的太子河水面及河滩地，轴线景观最后一个单元是西岸滨水商业办公及滨水休闲娱乐中心。西岸商业区建筑群规划高度均超过 80m，站在楼上可以远眺太子河两岸秀美的山水风光，这组建筑群一旦建成，将成为辽阳市新的地标（图 9）。

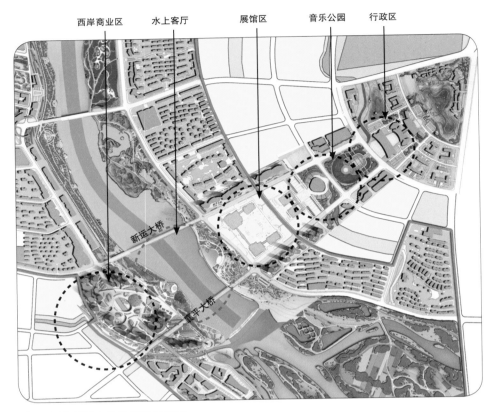

西岸商业区　　水上客厅　　　展馆区　　　音乐公园　　行政区

新运大桥

翼平大桥

图 9　河东新城中轴线景观规划图

5　不利防洪的几个设计问题

图 10、图 11 是缺乏城市河道防洪知识的风景园林师绘制的图纸，其中有几处常见的问题，在工作中应引以为戒：

第一：西岸堤线向内侵占河道过多，减少了行洪断面。

第二：主河道内不要修建音乐喷泉，洪水来时容易冲毁喷泉喷头的支撑构架，如果漂到下游的桥梁柱上，就会挂在上面形成水面壅高。

第三：游船码头尽量找静水区设置，并顺应水流方向，不要与水流方向垂直。

第四：在城市公路桥两侧的步行桥会减少过洪断面，由于柱网密度加大，容易拦截漂浮物，导致壅高水位。

第五：广场岸线形态过于复杂，容易壅水并形成紊流，导致不可预测的河岸冲刷以及汛期的应急救险难度。

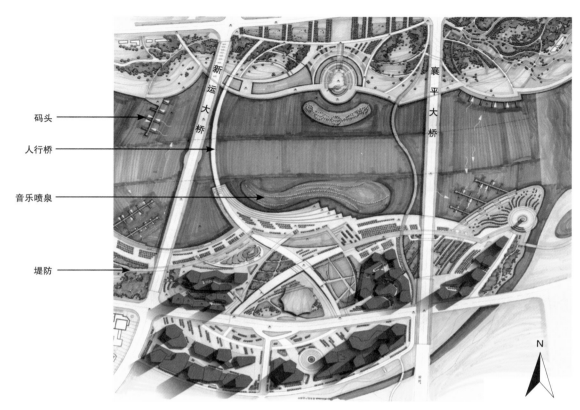

码头
人行桥
音乐喷泉
堤防

新运大桥
襄平大桥

N

图 10　景观设计师勾绘的西岸商业区总平面图

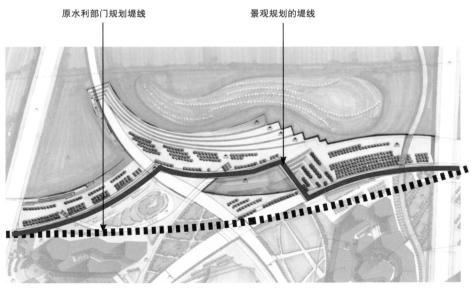

原水利部门规划堤线　　　　景观规划的堤线

图 11　西岸广场堤线设计位置图

图12　正在建设中的辽阳太子河风光带（摄于 2013 年 06 月）

6 小结

  辽阳拥有北方地区难得的丰沛水资源和优美的山水环境，300 ～ 500m 宽的河道非常适合营造高品质的滨水区。辽阳太子河城市客厅所在河段水面平均宽度 200m，视野开阔；夏季凉爽的河道风，会吸引市民到河道中避暑纳凉、徒步健身，当然也会吸引地产开发商的目光。规划滨河城市客厅，是对独具魅力的水景观资源的积极响应，以此形成城市活力的高潮点（图 12、图 13）。在规划设计工作中，风景园林设计师需要熟知城市防洪与河道管理的相关知识，减少不必要的工作失误。本项目对老城区河道堤防进行了调整，遇到这样的情况，必须重视与水利部门的沟通与协作，要确保做到防洪安全标准不降低，否则再好的设计也是纸上谈兵。

参考文献

[1] 张远，王丁明等 . 太子河流域水库建设对河流水文情势的影响 [J]. 环境科学研究，2012：4.

图 13　辽阳河东新城 2017 年 5 月卫星照片

阜新玉龙新城玉龙湖景观规划设计

时间：2010 ~ 2013 年

地点：辽宁省阜新市

面积：219hm²

项目背景

阜新市位于辽宁省西北部，于 1940 年建市，是沈阳经济区的重要成员之一，目前城市人口为 76 万人。市名源于"物阜民丰，焕然一新"之意。

阜新市历史文化悠久，距今已有 7600 年以上的历史。根据考古研究，辽宁阜新查海原始村落遗址出土红褐色石块堆砌的"龙形堆塑"属"前红山文化"遗存，距今约 8000 年历史。中国著名考古学家苏秉琦先生将阜新誉为"玉龙故乡，文明发端"。

作为资源衰竭型城市，当地政府将加强城市基础设施建设和改善人居环境作为城市经济转型发展的核心策略之一，拟利用老城北部的玉龙山和九营子河山水资源建设新区。新区规划面积 15.77km²，因靠近玉龙山而得名。沿老城区中心的南北向干道解放大街向北可抵达跨过九营子河而建的新区城市中心区。本项目设计内容为新城中心玉龙湖及 4.59km 长河道的景观规划设计。

图例

居住用地
商住用地
商业金融业用地
文化娱乐用地
企业办公用地

体育用地
休疗养用地
教育科研用地
供应设施用地
工业用地

铁路用地
军事用地
仓储用地
绿地
水域

图 1　玉龙新城用地规划及阜新骨干水网平面图

堤防、园林与建筑整体设计

扩河成湖

图 2　玉龙新城中心区规划前卫星图

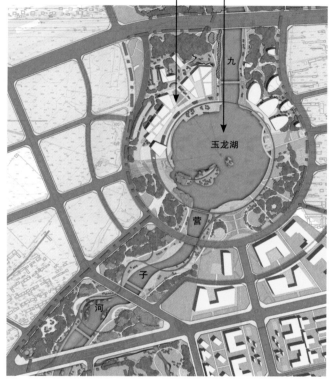

图 3　玉龙新城中心区景观规划平面图

规划要点

本项目将九营子河的综合治理规划与玉龙新城规划整合在一起，建设了一条优美自然的城市河流生态廊道，不仅改善了河流的生态条件，而且缓解了老城区细河的洪水压力。精心规划建设的玉龙湖成为阜新市第一个大型湖景公园，为市民提供了一个就近避暑休闲、健身跑步的好地方。主要涉水规划工作有两个方面内容：

（1）扩河成湖，建设玉龙湖城市客厅（图 2、图 3）。

（2）堤防、园林和建筑整体设计。

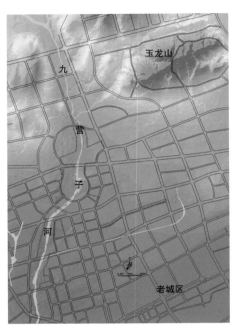

图4　滨水区域竖向分析

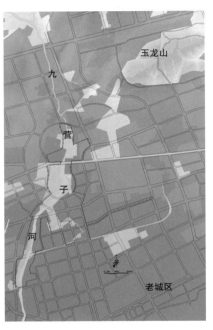

图5　现状建筑占地分析（紫色为建筑）

图6　郁郁葱葱的玉龙山

图7　苗圃和农田防护林

图8　汛期九营子河城区段照片

1　九营子河水文情况

阜新市位于内蒙古高原和东北辽河平原的中间过渡带，属辽宁省西部的低山丘陵区。地势西北高，东南低。九营子河是细河的支流，辽河的二级支流，流域面积 132.82km²，植被覆盖率 30%。径流系数 0.5，多年平均径流量 404.85 万 m³，河床渗漏系数 0.6m。干流河长 19.0km，河道平均比降 4.96‰，城区段河长 7.8km，现状河床宽度 50~70m。流域多年平均蒸发量 1071.6mm，平均降水量 520mm，年内分配不均，6 ~ 9 月降雨量约占全年总雨量的 75%，汛期雨量又多集中在几次大暴雨中，导致洪水陡涨陡落，汇集时间短，洪涝灾害严重。本次规划河道行洪流量 257.66m³/s（50年一遇），九营子河入细河口洪峰流量 584.47m³/s（防洪标准为 100 年一遇）。九营子河水土流失较为严重，上游山区沟壑支状分布，河道坡面较陡，水蚀严重，地表径流集中，多年平均全年输沙量为 3.26 万 t。

规划区地下水以潜水类型为主，储量丰实，分布较广，常与山麓地带地下水相连。单位涌水量大于 2.0L/（s·m）。地下水埋深在 0.8m 与 1.2m 之间，水位高程为 118.38 ~ 130.08m。主要含水层为砂砾、圆砾，厚度稳定，一般在 2m 与 10.7m 之间。根据调查和实地勘测，无论年景有多旱，九营子河水常流不断。河道水质较好，城区段可达到地表Ⅳ类水标准，仍受面源污染影响。

上游建设有小型水库一座。

2 总体规划情况

玉龙新城中心区的选址是将玉龙山、九营子河、周边农田防护林及老城的交通联系等因素作为一个整体进行规划的结果（图9）。

首先，玉龙山是阜新市的风景名胜区，是整个新区的制高点，山上林木茂盛，风景优美，每年吸引大量当地游客登山玩耍。其西南坡有两条小溪向西南流入九营子河，两条溪流均为季节性河流，常有山洪发生。

其次，玉龙山山脚下的林场开始向南有几片防护林（图10），距离九营子河不足1km，如果补种上林地，就可以形成山与河之间的绿化廊道。

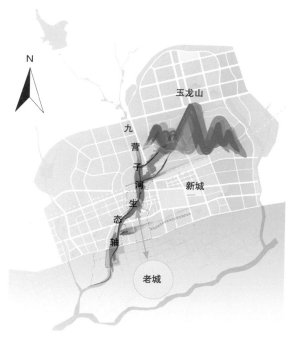

图9　山水生态廊道与城市发展轴分析

图10　现状植被分析

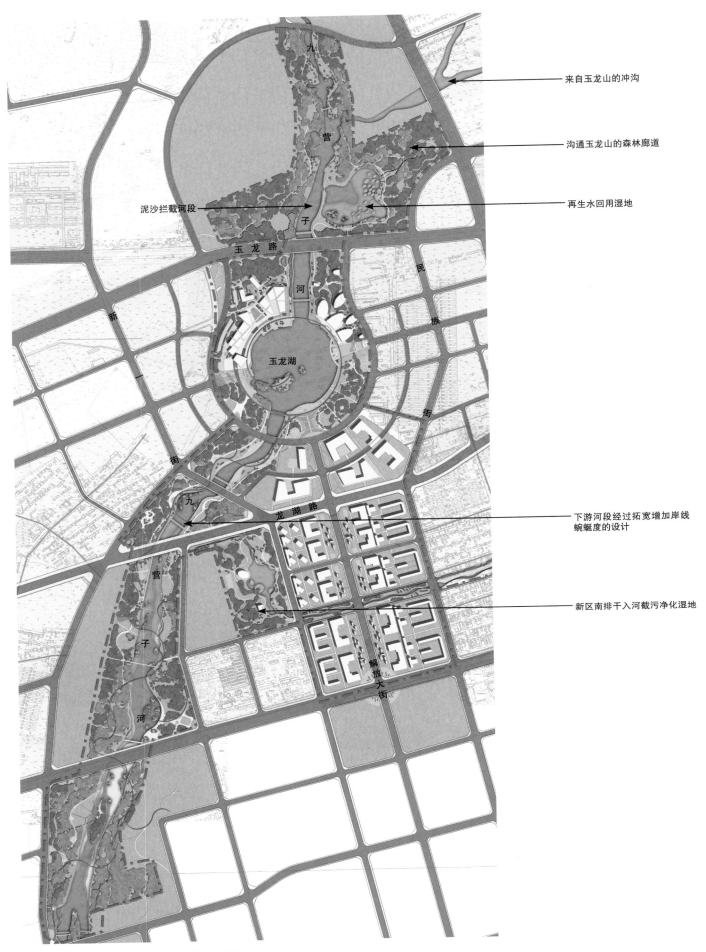

来自玉龙山的冲沟

沟通玉龙山的森林廊道

再生水回用湿地

下游河段经过拓宽增加岸线蜿蜒度的设计

新区南排干入河截污净化湿地

泥沙拦截河段

图 11　玉龙新城九营子河景观规划总平面图

最后，新城与老城之间的连接有 7 条纵向的道路，其中解放大街是最重要的城市商业与文化干道，将这条道路向北延伸，正好与九营子河河道相交，市民们通过便捷的公共交通即可抵达自然优美的河边（图 11）。

玉龙路、新一街、龙湖路与民族街之间的环形区域是新城中心区，是新城展示生态与文化之美的"城市客厅"（图 12）。根据现场条件将河道加宽，规划了直径约 800m 的玉龙湖，湖岸安排办公、商业及文化建筑，沿湖规划环形连续的步行道，为市民提供滨水休闲活动的场所。新一街以南主要工作是拓宽河道，拆除违章建筑，提高河道的行洪和蓄滞洪能力，同时满足市民滨河休闲游憩的需求。

1 酒店
2 会展中心
3 展览中心
4 影剧院
5 博物馆
6 展览中心
7 红色龙形慢跑道
8 解放路主入口广场
9 公园绿地及防洪堤

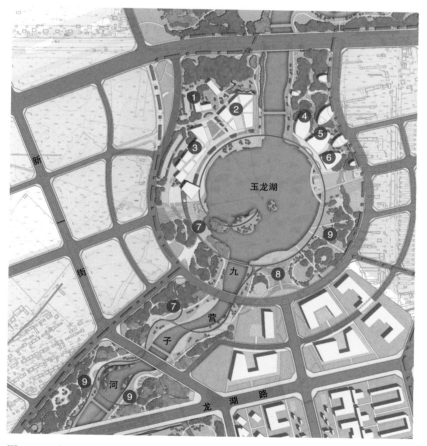

图 12　玉龙新城中心区景观规划平面图

图 13 玉龙湖局部鸟瞰（摄于 2013 年 09 月）

图 14 从玉龙湖北望玉龙山（摄于 2013 年 09 月）

3 玉龙湖景区详细规划设计

3.1 湖体开挖与竖向设计

扩河成湖工作的重点是竖向设计，包括河道分段蓄水计划（图 15）与河道两岸的微地形设计（图 16）。和普通挖湖堆筑地形设计不同，本项目需要满足防洪工程的要求。

第一，挖出的土方主要用于堤防建设，满足防洪要求。在地势高的地方取土，堆在地势低的地方，并适当考虑微地形堆筑的需土量（图 17、图 18）。

第二，湖体在现状河道的基础上要适当挖深。因为湖区的泥沙淤积速度较快，适当挖深可减少后期维护时清淤的时间周期。

第三，填方挖方要基本保持平衡（图 19）。

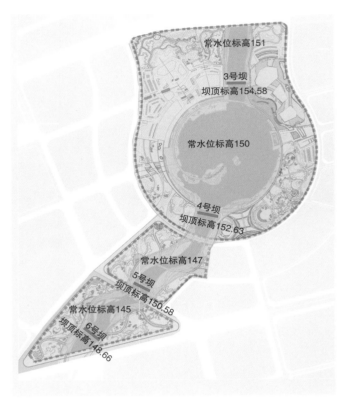

图 15 河道分段蓄水分析图

图 16 滨河绿地竖向设计图

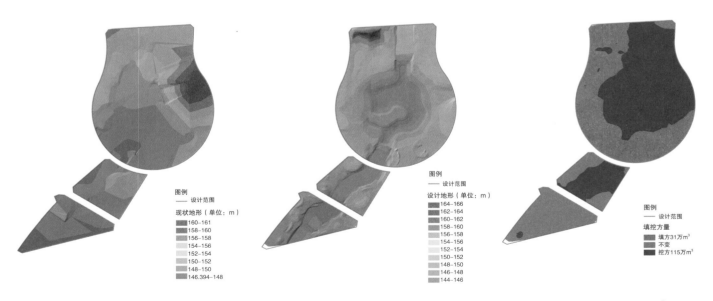

图 17 规划前地形分析图 　　　　　　　　 图 18 规划后地形分析图 　　　　　　　　 图 19 挖填方分析图（单位：m³）

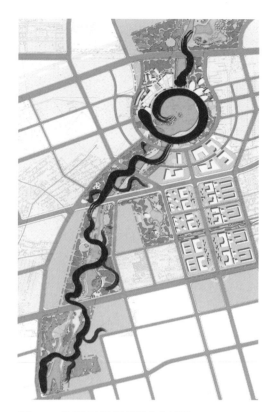

图 20　龙形慢行道规划示意图

3.2 玉龙文化与红色慢行道设计

　　红色龙形慢行道是玉龙湖景观规划的一个亮点，其构思来自"中华第一龙"的曲线形态（图 20）。鲜红的颜色在绿地中非常显眼，建成之后，每天都吸引热爱健身的市民来玉龙湖畔跑步健走（图 21）。龙形步道的竖向设计和防洪规划的高程结合在一起，其铺设高度在 20 ～ 50 年一遇洪水之间，可以避开10 年一遇的高频率洪水的冲击，这一点在滨河公园慢行道的规划设计中很重要。

图 21　绿茵中的龙形慢行道（摄于 2013 年 09 月）

3.3 湖岸设计

湖岸是人亲水活动最频繁的区域，在保证安全的同时，还应为游人提供随时可以坐下休息的地方。湖岸的设计形式应适度灵活，材料尽量朴素自然（图22、图23）。

根据公园设计规范的安全要求，湖岸设有浅水区，选用芦苇、香蒲等野生植物进行栽植，经过适当人工维护，使其不至于疯长，可形成硬质护岸与深水区之间的安全屏障，同时起到净化水质、提供生境等生态功能（图24）。

图22　亲水平台（摄于2013年09月）

图23　假山石驳岸可增加岸线材质变化（摄于2013年09月）

图 24 香蒲芦苇种植带（摄于 2013 年 09 月）

4 小结

　　一个城市没有大型河道穿过时，利用中小型河道仍然可以建设"城市客厅"，将河道局部放大形成湖泊景观是比较节省建设用地的做法（图 25 ～图 28）。玉龙湖直径约 800m，湖泊面积约 50hm^2，平均水深 4m，总蓄水量达 200 万 m^3，汛期可蓄积城市雨水，干旱季节可以和上游水库联合调度，作为城市生态用水的水源地。随着新城中水厂的建立，玉龙湖将利用中水作为补充水源，目前已经建设两处中水人工净化湿地。这样，通过多水联合调度和严格的污水治理，使得汇入城区河道的水质和水量得到充足的保障。如果上游流域的森林覆盖率能提高，九营子河水量将更加充沛，城市中的拦水坝就可拆除，九营子河将变得更加优美自然。

项目获奖情况

国际奖项

2012 年 10 月荣获国际风景园林师联合会亚太地区风景园林规划类主席奖

2014 年 12 月荣获英国景观行业协会国家景观奖国际项目奖

国内奖项

2011 年 10 月荣获辽宁省优秀城市规划设计三等奖

图 25　随着地形起伏的龙形慢行道（摄于 2013 年 09 月）

图 26　玉龙新城中心区 2010 年 5 月的卫星照片

图 27　玉龙新城中心区 2017 年 5 月的卫星照片

图 28　从玉龙湖南望老城区（摄于 2013 年 09 月）

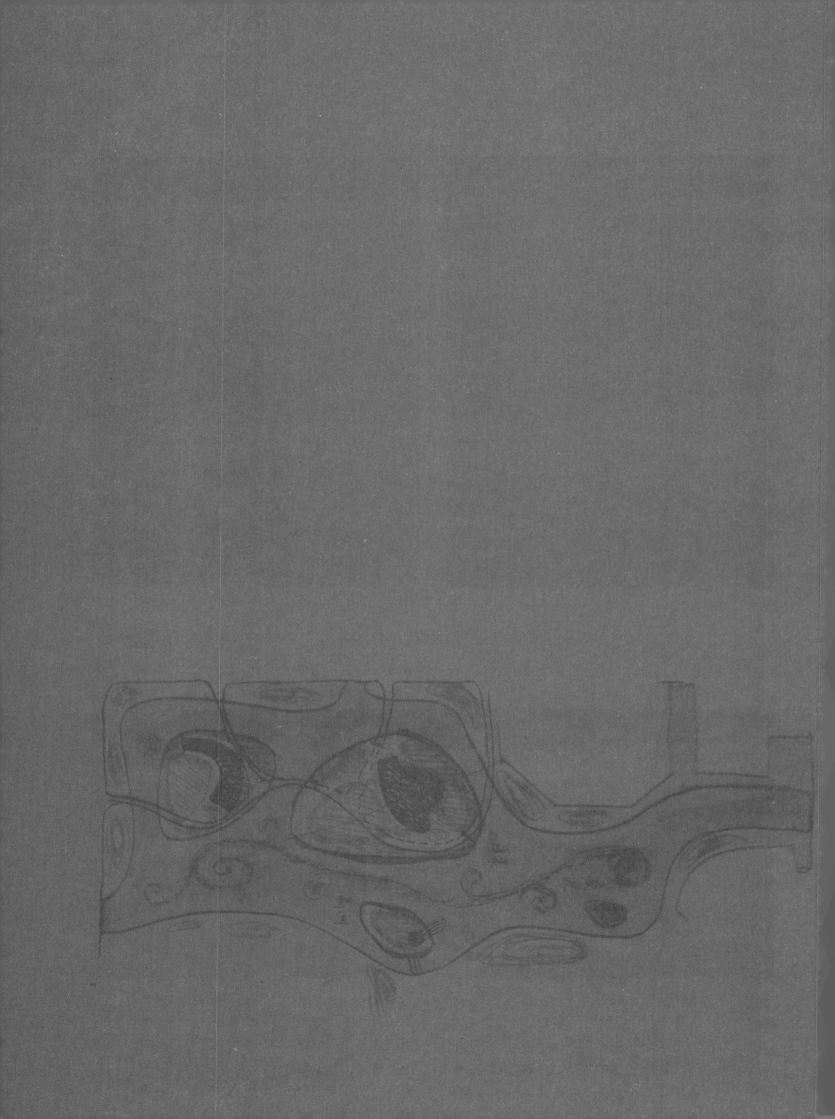

城市滨河公园景观规划设计

河流景观规划设计的核心方法论

——多专业协同

贾培义

1 城市河流功能的复杂性

随着经济社会的发展和人民生活水平的提高，城市河道治理的目标从行洪排涝功能发展成为既满足行洪排涝功能，又改善水质污染、重塑滨水景观环境、构建生态循环系统的多目标定位。城市河道整治涉及水文学、水力学、泥沙运动力学、环境生态学、建筑景观学等多学科多种知识层次架构体系的融汇，是多种整治方法和途径结合的系统工程。

• 水利功能，包括水源地、排水通道和调节洪水期的功能。这一功能的认定对保证整个城市的水资源供给，减少洪涝灾害起到重要的指导作用 。

• 水路运输功能，通常包括客运和货运功能。还有不少城市河道，已经不再具备运输功能，以景观与游览游憩为主。

• 旅游娱乐功能，日益成为城市河道及滨水空间的主要功能，被广泛用于休闲、游憩、体育与娱乐活动。

• 城市形象功能，也是许多城市河道的重要功能。如伦敦的泰晤士河、巴黎的塞纳河、首尔的清溪川等，都因其富有活力、形象突出的滨河开放空间，而举世闻名。

• 自然生态保护功能。城市河流除了服务城市和人类外，还有着本质性的生态功能。河流是鸟类、鱼类等多种生物的栖息地，有着重要的生态效益，同时还有特殊而重要的科研和教育价值。

2 多专业设计团队是河流景观规划设计的重要基础

中国人居环境规划拥有多专业协作的优良传统，当代社会又具备非常高效的政府组织下的多部门协作机制，可以在较短的时期内集中各个相关部门的资源，组成工作团队。此外，网络技术的进步使公众参与工作更加便捷，社会各个阶层表达个人意愿的途径也日趋丰富。美国专家梅格·卡尔金斯在其著作中对专业协作具有科学的描述[1]，现摘要如下：

2.1 多专业的设计团队

设计决策产生的复杂结果会对场地和周边地区产生深远的影响。设计中材料、生态系统、空间元素等存在着复杂的内在关系，需要有一种整体的考虑和广泛的专业技术协作才能解决。为创造高品质、可持续的景观，设计团队应该包含客户以及了解当地生态和可持续景观设计、建设、维护的专业人士。根据场地的特殊性和设计任务要求，可能还需要额外的专业人士参加。在某些情况下，一人可能承担多重角色，但这么做可能会影响质量控制，或产生利益冲突。

项目的成功很大程度上依赖于设计团队的能力和追求。理想的情况是，设计团队应由各类精通可持续解决方案和具有丰富项目经验的专业人士组成。即使达不到理想状态，如果精心地组织设计团队，设定明确的目标，项目的可持续性也能得到保证。

2.2 项目委托方与利益相关方的参与

利益相关方指的是对场地或项目有投资、股份或相关利益的个人和团体。常见的利益相关方包括：客户、场地使用者、工作人员、邻居、投资人等。他们可以对场地现状和机遇提供独特的视角，进而为项目的正常运行和获得丰硕成果提供支持。邻里和社区领袖及地方专家可以帮助确认哪些人和组织应参与到设计过程中来。

项目团队应该在吸纳多元化的意见和探索设计方案的过程中引入利益相关方的参与，这有助于双方的理解和实现共同的利益。

2.3 综合性设计流程

综合性的设计是一个反复研究、评估、沟通的设计探索过程，它是每一位团队成员共同努力完成的，贯穿整个项目阶段。而传统设计程序是一种线性的工作方法，由一系列具体任务组成，常见的流程是：业主——风景园林师——专项设计——工程总包——工程分包——场地使用者。

综合性设计程序则鼓励多学科团队在设计全过程中紧密合作，积极地利用团队成员的不同看法，全面地考虑设计解决方案。这一过程为认识和理解场地现状条件、生态系统和文化特点等关系提供了必要的条件，也能使各方面更好地理解设计决策的影响力。

3 有助于多专业协同规划设计的策略

• 对项目中共享信息和促进合作的策略和工具达成共识。

• 在制订项目时间表时要考虑综合设计、反馈和多学科协作所需的时间。

• 明确团队每个成员的角色和责任。

• 对设计流程进行梳理，制作流程图，并为每个设计阶段设置反馈机制。标明哪些步骤需要其他专业人士介入及需要介入的原因。

• 确定项目目的和完成要求。

• 将研讨会、研究和其他协同设计工作放在设计过程的开始阶段，鼓励团队成员从多学科的视角探索设计方案，利用团队的智力资源创造性地解决设计问题。

• 在项目节点安排项目例会，允许团队成员积极参与论证，哪怕是他们专业背景之外的问题，这有助于激发多学科交叉的火花。

• 鼓励团队成员间的临时会议，促进信息共享和合作。

真诚地征求和吸纳团队成员意见，多元化的意见是宝贵财富，有助于彻底地评估和探索设计方案。

参考文献

[1]（美）梅格·卡尔金斯主编.贾培义等译.可持续景观设计——场地设计方法、策略与实践 [M].北京：中国建筑工业出版社，2016：4.

辽阳太子河衍秀公园景观规划设计

时间：2011 年

地点：辽宁省辽阳市
     太子河区

面积：28hm²

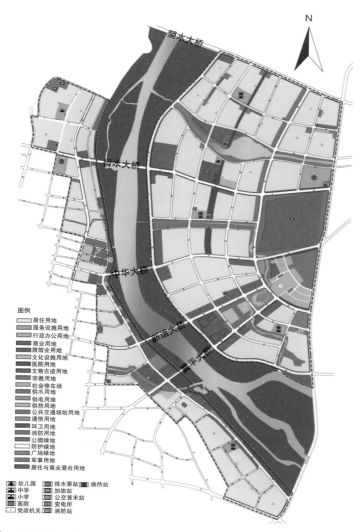

图1　衍秀公园在辽阳河东新城中的位置

项目背景

　　辽阳是东北地区的重要历史文化名城。建城始于战国时期，燕国设辽东郡治襄平城，后期为陪都。后在汉族和北方各民族之间交替统治，因其重要的地理位置和丰沛的水资源（太子河曾经是非常繁忙的水上交通航道），辽阳市也一直保持北方地区中心城市的地位，清初努尔哈赤曾经在这里短暂建都。后来，辽阳的中心城市位置逐渐被沈阳代替。

　　2006 年，辽阳市决定跨过太子河向东发展，使这条以燕太子丹而得名的河道在被边缘化多年后变成城市中心河道。本项目规划占地面积 28hm²，该公园规划于东部新城滨水城市客厅范围内，公园名称以太子河在春秋战国时期的故称"衍水"为典故，命名为"衍秀"公园。

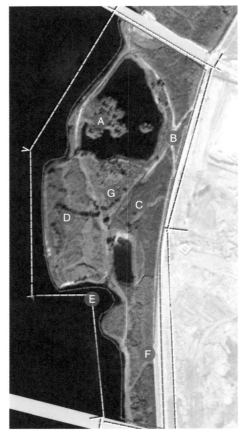

A 主入口对景湖心岛，设廊架和园路
B 在现状进河道的出入口位置设公园主入口
C 在没有现状树的河滩上设停车场
D 在拥有大片杨柳树的河滩地上增加二级三级园路
E 增加二级园路使整个公园有连续的亲水步行道
F 增加进入河道的便捷入口
G 修建一个小连通渠，将一大一小两个沙坑池塘连接起来

图2 衍秀公园规划前卫星照片

图3 衍秀公园景观规划平面图

规划要点

在水利部门出台的《城市水系规划导则》SL 431—2008 第八章第 8.1.3 中提出，"城市水景观应以河流的自然景观为主，按照自然化原则，发掘河流自身美学价值，包括恢复水系的自然格局，恢复河流的自然形态，提高生物群落多样性，利用乡土物种。注意减少引进名贵植物物种，减少沿河楼台亭阁及人工建筑物，避免城市河流的渠道化和园林化倾向"。

风景园林师在设计大型河道的河滩公园时需要注意以下三点与洪水相关的内容：

（1）向甲方索要河道汛期的水文数据，包括不同标准洪水的水位、洪水持续时间、洪水的平均流速、风浪壅高。

（2）风景园林师在设计设施、种植、地形和铺装材料时，要重点考虑其稳固性，同时要注意不壅高洪水位。

（3）未经水利部门允许不要对河滩地的形态有过大的改动（图2、图3）。

1 河道现状

规划场地地势平坦，大部分滩地高程在20～50年一遇洪水位之间（图4、图5）。一个有利条件是现状的有林地面积约10hm²，其中有很多是高大的杨树和槐树（图6）。场地现状还有一条路况良好的巡河路（图7）。现状河滩地因为采砂取土而留下大大小小的采砂坑，其中采砂坑塘面积约8hm²，这些坑塘对于风景园林师是一个非常有利的设计条件，它增加了场

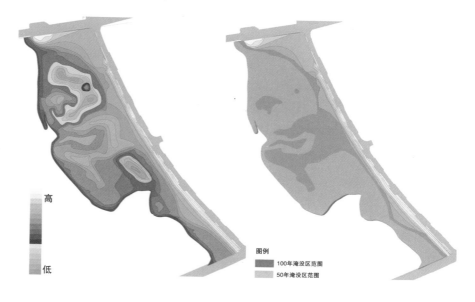

图4 建设前场地竖向分析　　　　　　　　　　图5 建设前场地洪水淹没分析

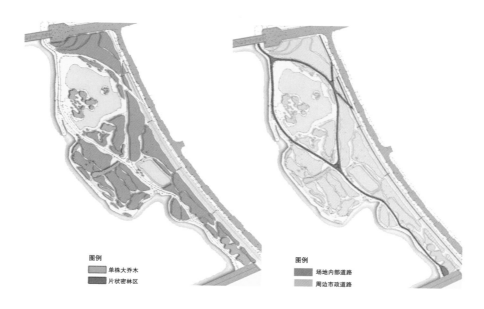

图6 建设前场地现状树的分布　　　　　　　　图7 建设前场地内的巡河路

图 8　河滩地上的采砂坑及现状树林，远处为东城起步区的在建建筑（摄于 2011 年 02 月）

图 9　河滩边上刚刚修建混凝土护岸（摄于 2011 年 02 月）

地的空间变化（图 8）。最后，刚刚修好的混凝土护岸不符合生态护岸的要求，但是不能拆除。需要对其外观进行处理（图 9）。

2　总体设计

利用城市大型河道的滩地建设休闲绿地，可弥补城市建设中公园绿地空间的不足。相对城市公园而言，河滨公园的功能比较简单。衍秀公园的功能分区包括主入口区、林荫休息和运动区（图 10）。

主入口区设在现状水面较大的采砂坑处，从主入口入园即可见一泓平静的湖水。为了形成主入口区的景观标示性（图 11），在河滩地上设计了一座 80 余米长的弧形长廊。这个建筑的设置对河道行洪有一定影响，在设计时尽量使其建筑流线与洪水的方向相一致，减少对水流的阻挡。

交通设计方面，利用现状巡河路作公园主路适当翻修。增加木栈道和小甬路，将破碎的水岸和现状林荫等散步休息环境串联在一起。

在种植设计方面，重点是保留好现状树，并在 20 ～ 50 年一遇的滩地上适当增加小灌木，在局部节点处点缀了几株油松，地被植物是在野生的杂草的基础上补种白三叶草，该草适应性强，不怕踩踏，不怕水淹，春天会开出成片美丽的白花（图 12、图 13）。

图 10　衍秀公园景观规划平面图

1 主入口广场
2 次入口广场
3 衍秀广场
4 停车场
5 观景大阶梯
6 码头
7 栈道平台
8 水榭
9 观景台
10 按摩步道
11 溪石区
12 瀑布跌水
13 水映春和
14 休闲运动
15 林下空间

新增停车场　　新修主入口广场　　新增连通渠　　翻新现状路　　保护现状树，林下修甬路　　新增弧形长廊，成为主入口的对景　　加固河堤

图 11　衍秀公园建成后鸟瞰（摄于 2013 年 06 月）

图12　现状大树的保护非常重要，可立竿见影形成绿化效果（摄于2013年06月）

图13　弧形长廊和园路的设计要避开现状大树

3　场地利用

衍秀公园28hm²的绿地内，去掉水面及边坡用地之外，还剩下约18hm²的活动空间，可以为3000人提供宽敞的活动场地。公园建成后吸引了大量的市民到这里游玩，人们在这里野餐、跳舞、弹琴唱歌、散步慢跑、玩泥巴、挖河沙、钓鱼摸虾。冬天的时候，雪后的太子河一派银装，景色状美。太子河的封冻期长达3个月，主入口区的采砂坑可以临时用于滑冰场，附近居民又多了一个滑冰打雪仗的地方（图14～图17）。

4　照明设计

大型河道公园的照明工作非常重要，漆黑一团的河道容易变成犯罪分子活动的场所。夜景照明会形成完全不同于白天的景观感受，精心安排的照明会成为吸引人的亮点（图18）。河道内的照明设施要注意防水和洪水冲击。夜景照明设计不宜过度亮化，还要充分考虑鸟类的栖息需求。

5 水质维护

尽管太子河的水量充足，水质很好。但是由于衍秀公园内的采砂坑与主河道是分离的。在主河道水位比较低的时候，公园内的采砂坑池塘得不到及时的清水补充，很容易发生富营养化。建设循环泵是保证河滩地上池塘水质优良的必备措施。

图14　主入口广场上举行的秧歌表演（摄于2013年06月）

图15　在弧形长廊下操练的民间二胡乐手（摄于2013年06月）

图16　在枯水期到河边玩挖泥巴的孩子们（摄于2013年06月）

图17　公园主入口的砂坑在冬天里成了溜冰场（摄于2012年12月）

图18　夜景照明使傍晚的河道不再漆黑一团（摄于2013年06月）

图 19　衍秀公园鸟瞰（摄于 2013 年 06 月）

6　小结

　　利用大型天然河道的滩地建设园林绿地，为高密度城市居民创造了最好的亲近自然的机会（图 19）。在规划设计工作中，需要协调好与防洪安全的关系，要注意洪水冲击对园林设施的破坏。如果现状有大片的林地最好保护起来，以阻挡河流行洪能力为由而砍掉现状大树，未免可惜。河道公园设计应简单自然，满足基本游憩功能即可，建设在河滩上的小型水面容易形成富营养化，甚至发臭，需要在方案设计时考虑水质维护方案。

项目获奖情况

  2013 年 4 月荣获国际风景园林师联合会亚太地区风景园林设计类主席奖

  2015 年 6 月荣获欧洲建筑艺术中心绿色优秀设计奖

  2013 年 12 月荣获英国景观行业协会国家景观奖国际项目奖

大连市旅顺开发区西大河景观规划设计

时间：2009 ~ 2010 年

地点：辽宁省大连市旅顺口开发区

面积：1.14km²

项目背景

旅顺口是大连市的一个区，因日俄战争而闻名于世。该区是大连市重要的港口之一，经济发达，环境宜人。从山东烟台到大连海底隧道的规划及旅顺新港的建设，使旅顺口区获得向北寻找新的发展空间的动力。

旅顺口是鸟类沿亚洲东海岸迁徙的重要栖息地，这里有老铁山、蛇岛两个国家级自然保护区，本项目所在地就在老铁山以北约12km处。

位于南北天门山之间的江西镇被选为临港新城的核心区，在7.5km²的范围内拟建集软件信息、临港产业和教育科研等功能于一体的新城。本章的主要设计内容是对临港新城核心区内的西大河两岸进行规划设计，总面积约 1.14km²（图 1 ~ 图 3）。

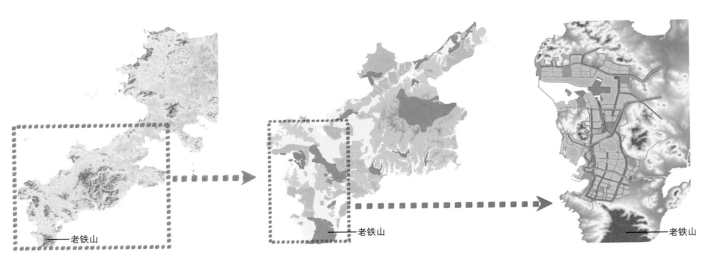

图 1　旅顺在大连市的位置　　　　图 2　临港新城在旅顺的位置　　　　图 3　临港新城与周边地貌

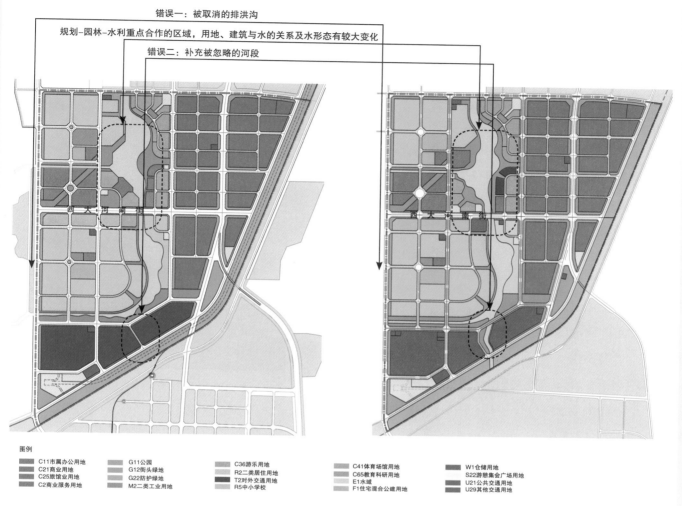

错误一：被取消的排洪沟

规划-园林-水利重点合作的区域，用地、建筑与水的关系及水形态有较大变化

错误二：补充被忽略的河段

图例

C11市属办公用地 | G11公园 | C36游乐用地
C21商业用地 | G12街头绿地 | R2二类居住用地
C25旅馆业用地 | G22防护绿地 | T2对外交通用地
C2商业服务用地 | M2二类工业用地 | R5中小学校

C41体育场馆用地 | W1仓储用地
C65教育科研用地 | S22游憩集会广场用地
E1水域 | U21公共交通用地
F1住宅混合公建用地 | U29其他交通用地

图4　旅顺临港新城控规用地图（过程稿）　　　　　　　　图5　经水利和园林专业配合后的控规用地图

规划要点

本项目规划设计的是一条独流入海的山区性小型河道，从现状照片中可以看到该河道已经完全人工化。在本案例中重点分享三个方面的内容：

（1）了解规划、园林与水利三个专业配合完成一条河道及滨水区景观规划的工作方法。

（2）学习感潮河道在防洪及防海潮方面的相关知识。

（3）在这个项目中水利部门改正了两点涉水规划错误，需要引以为鉴（图4、图5）。

第一个错误是在南天门山脚下修一条截洪沟，认为这样做城内的河道就不用行洪了，这个方案被水利部门否决，因为西大河本身就是行洪河道，没有必要再修一条排洪渠浪费土地和资金；第二个错误是规划师忽略了西大河上游的一小段河道，水利部门在作防洪规划时发现了这个问题，从新补充在用地图上。

1 河道现状

西大河流域面积 21.9km²，本次规划河段为西大河自入海口至上游 3.257km（铁路桥）河段，河道平均比降为 2.9‰，有多条支流从后石山、南天门山汇入西大河（图6~图8）。

该流域多年平均降水量 583.40mm，蒸发量 1498.3mm。流域森林覆盖率 65%，多年平均径流量为 328.5 万 m³，在 95% 保证率（保证率越高意味着径流量越小）情景下，全年径流量为 87.06 万 m³，最小月 1 月的径流量为 2.14 万 m³，河道内四季清水长流，上游没有水库和污染企业，从大潘家水库以下，河道内的水污染较严重，主要是生活污水混和倒灌海水所致。

西大河流域与辽东半岛地区一致，处于冷低压槽前副高后部，最易发生大暴雨，大暴雨和特大暴雨持续时间，一般为 1~2 天，最短几小时到十几小时，最长达 3 天左右。最大 1 小时降水量 53.80mm（1979 年）、最大 6 小时降水量 122.00mm（1985 年）、最大 24 小时降水量 158.60mm（1985 年）、最大三日降水量 242.6mm（1985 年）。西大河防洪标准为 50 年一遇，洪峰流量 285.45m³/s（西大河入海口处）。

河道风景园林规划首先要仔细勘查场地。由于现状大树很多，不得不组织设计师现场测量（图9），建立大树档案，以备将来种植设计时使用，保护好现状树是风景园林师的重要职责。

2 山形地势

旅顺临港新城周边的群山只有老铁山将军峰山岩突兀，高大挺拔，而其他山峰皆已严重风化，山势平缓柔和，呈奔趋朝拜之势，于是老铁山将军峰就成为规划区内景观视线的中心（图10~图14）。西大河拥有良好的观山视线，在天气晴好的时候可以清楚地看到老铁山将军峰。

图 6　西大河上游

图 7　现状城镇内河道及跨河步行桥

图 8　现状挡潮堰坝

图 9　设计师现场测量大树坐标（摄于 2010 年 06 月）

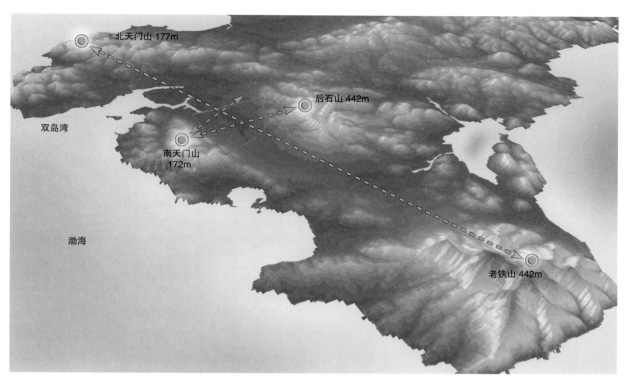

图 10　项目用地与周围山体的 GIS 分析

图 11　站在大潘家水库远望北天门山（摄于 2010 年 06 月）

图 12　远望老铁山，最高峰为将军峰（摄于 2010 年 06 月）

图 13　离规划区最近的南天门山（摄于 2010 年 06 月）

图 14　后石山远眺（摄于 2010 年 06 月）

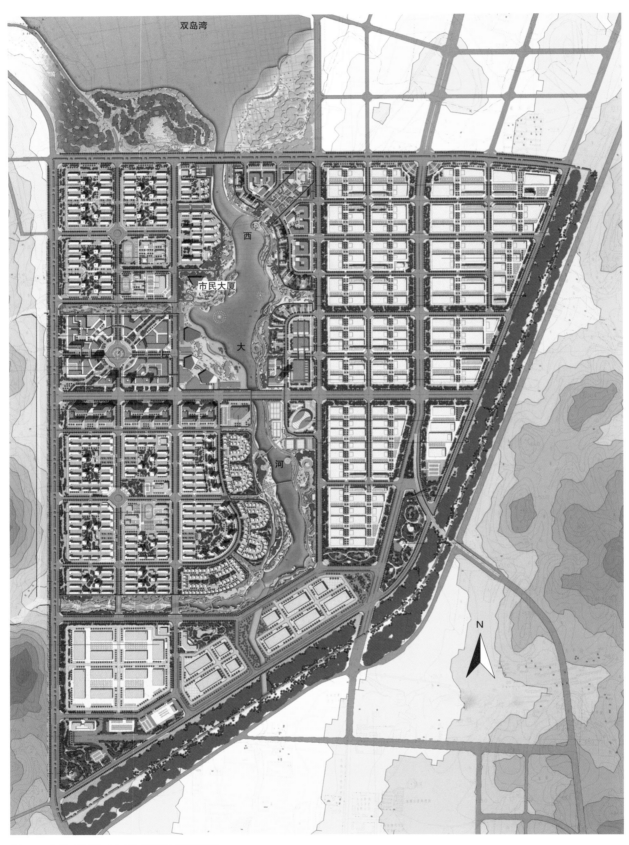

双岛湾

西

市民大厦

大

河

N

图 15　临港新城核心区景观规划总平面图

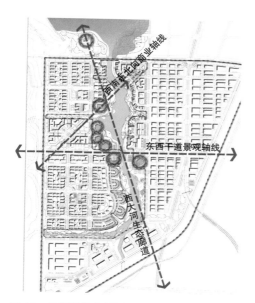

图 16　景观结构分析图

图 17　受海水影响用地分析图（紫色为地下水受海水影响的区域）

3　西大河风景园林规划设计

西大河风景园林规划是在规划专业提供的控规过程图纸上开始的，城市用地功能、范围、路网、绿地基本确定。风景园林规划强调将中国传统的山水意境融入其中，以西大河和老铁山构成城市主景观轴线，将行政中心的位置北移，面朝湖水，与主景观轴线方向相同。风景园林师调整了新区服务中心办公区的用地位置，也调整了广场绿地的位置，更加强化了以水景观为中心的布局方式（图15）。

新城规划共有三个景观轴线，其中西大河生态廊道是南北向的山水景观轴，是风景园林师介入规划后提出的主要城市景观轴线。在城市建设用地北面人工堆筑土山，种植防风林，可以抵御寒冷的北风。在城市中部有6栋公共建筑，最靠北的是市民大厦，在其南侧靠近湖边的是文化、博物、展览馆，在东西向干道南侧的两栋建筑是体育馆和星级酒店。这些建筑沿河而建，最终形成"七星布局"的滨水景观建筑群（图16）。

4　防海潮设计

西大河南路以北的河道是西大河入海河段，两侧的城市建设用地有部分是填海形成的，入海口湿地变成一处排涝水塘，风景园林规划将其设计为人工湖。为防止海水上侵，规划了简易围堰，简易围堰造价不高，可挡住平均潮位，内河的水质不会变成咸水。如果上游淡水补充及时，对河道两岸的绿化影响不大。从现状调研情况看，河道两侧的大树生长得都很正常，但是简易围堰不能防范风暴潮，如果大风天和高潮位组合情况发生时，会对城市河道的防洪产生威胁。

除了防海潮之外，防盐碱也是填海造地类型项目必须重视的问题。海潮对地下水位及地下水的盐碱度有较大影响，根据当地提供的地勘报告显示，图17紫色区域的地下水的pH值接近10，河道两侧的地下水水质pH值在12左右。为了减少对绿地的侵蚀，需要考虑在道路绿地中设排盐沟，并尽量填高建设用地，保护建筑基础和树木生长。

5 风景园林与水利配合进行河道设计

由于西大河流域面积小，江西镇人口又少，因此，西大河一直没有编制过防洪规划，也没有准确的河道测绘图规划，在风景园林专业的初步设计工作完成之后，甲方找到当地水科院编制防洪规划。水科院首先在冬季组织测绘队，对河道进行了 1 ：500 比例的测绘，然后按照常规的防洪规划编制办法，绘制了河道的平面图（见图 18 的红色部分）、典型横断、河道纵剖面，提供了洪水"西大河防洪规划要素表"，确定了从上游到下游的河道河床宽度为 40、50、60m。"防洪规划"修正了新城控规中出现的错误，取消了南天门山脚下的排洪渠，补充了控规忽略的河道上游约 1km 的河段。"防洪规划"中提出的河道设计仅考虑了满足 50 年一遇洪水的安全通过，并没有考虑流速过快（表 1 防洪规划要素表中涂红部分，说明这一段的纵向坡度较大）对河流的生态和人身安全的影响，也不关心现状河道上已经修建的水库。为了更好地配合西大河景观规划，甲方又找到大连市水利建筑设计院，该院具有水利工程甲级资质，能与景观设计师配合河道的详细设计。图 19 是风景园林师和当地水利设计院进行专业配合的过程图纸，风景园林师将其设计的河道，按照大约 100m 的距离绘制断面图，提供拟建拦水堰的位置和堰顶高程，根据这些断面图和相关数据，水利专业重新推算了水面线，发现了围堰位置存在洪水溢出的情况，风景园林专业及时调整了设计，最后水利设计院提供了正式的河道防洪规划设计成果（表 2）。这种专业配合使得水利专业的工作量翻了至少一倍，但是实现了生态化、人性化、艺术化与防洪功能的统一（图 20）。

图 18　防洪规划河道平面位置图

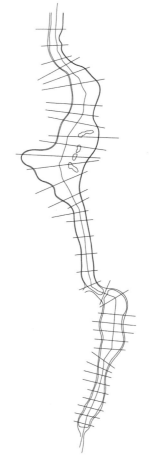

图 19　景观规划后河道横断面位置图

西大河防洪规划要素表

表1

桩号	间距 （m）	河底高程 （m）	水位 （m）	堤顶距 （m）	流量 （m³/s）	流速 （m/s）
-502	0	-0.5	2.17（2.78）	500	285.45	0.21
0+000	2500	0.9	2.82（2.93）	60	285.45	2.34
0+200	200	0.97	3.14	60	285.45	2.05
0+400	200	1.03	3.36	60	285.45	1.91
0+600	200	1.1	3.53	60	285.45	1.83
0+800	200	1.17	3.68	60	285.45	1.76
1+000	200	1.23	3.81	60	285.45	1.72
1+200	200	1.3	3.93	60	285.45	1.68
1+400	200	1.37	4.04	60	285.45	1.65
1+600	200	1.43	4.12	50	285.45	1.94
1+800	200	1.5	4.27	50	285.45	1.87
2+000	200	2.6	4.19	50	285.45	3.39
2+200	200	3.7	5.06	50	285.45	4.01
2+400	200	4.8	6.41	50	285.45	3.36
2+600	200	5.9	7.24	50	285.45	4.05
2+800	200	7	8.63	50	285.45	3.32
3+000	200	7.83	9.42	50	285.45	3.41
3+200	200	8.67	10.24	40	285.45	4.23
3+257	57	8.9	10.88	40	285.45	3.32

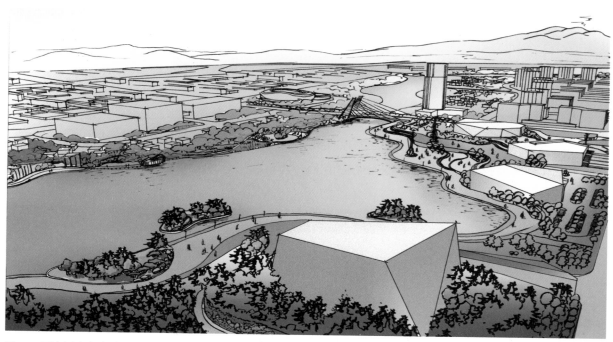

图20　西大河生态廊道鸟瞰效果图

风景园林规划后水利部门提供的防洪规划成果表　　表2

西大河河道50年设计水面线及计算堤顶高程成果表（按照允许越浪计算）

序号	桩号	断面名称	河底高程	水深	设计水面线	河道底宽	平台高程	底槽高度	下边坡度	平台宽度	上边坡度	洪峰流量	流速	波浪爬高	安全加高	堤顶超高	计算堤顶高程
1	2+740.00	挡水堰1 西大河河北路桥	0	4.18	4.18	64	2.0	2.0	3	5	3	388.19	1.13	0.26	0.4	0.66	4.84
2	2+587.00		0	4.27	4.27	65	2.0	2.0	3	5	3	388.19	1.07	0.26	0.4	0.66	4.93
3	2+487.00		0	4.31	4.31	76	2.0	2.0	3	5	3	388.19	0.94	0.26	0.4	0.66	4.97
4	2+402.00		0	4.32	4.32	77	2.0	2.0	3	5	3	388.19	0.93	0.26	0.4	0.66	4.98
5	2+362.00		0	4.34	4.34	84	2.0	2.0	3	5	3	388.19	0.86	0.26	0.4	0.66	5.00
6	2+292.00		0	4.43	4.43	142	2.0	2.0	3	5	3	388.19	0.54	0.32	0.4	0.72	5.15
7	2+222.00		0	4.43	4.43	140	2.0	2.0	3	5	3	388.19	0.55	0.32	0.4	0.72	5.15
8	2+092.00		0	4.44	4.44	142	2.0	2.0	3	5	3	388.19	0.54	0.32	0.4	0.72	5.16
9	2+042.00		0	4.44	4.44	140	2.0	2.0	3	5	3	388.19	0.55	0.32	0.4	0.72	5.17
10	1+982.00		0	4.45	4.45	219	2.0	2.0	3	5	3	354.68	0.31	0.32	0.4	0.72	5.18
11	1+882.00		0	4.46	4.46	236	2.0	2.0	3	5	3	354.68	0.31	0.32	0.4	0.72	5.18
12	1+832.00		0	4.46	4.46	239	2.0	2.0	3	5	3	354.68	0.19	0.32	0.4	0.72	5.18
13	1+762.00		0	4.46	4.46	393	2.0	2.0	3	5	3	354.68	0.23	0.32	0.4	0.72	5.18
14	1+712.00		0	4.46	4.46	326	2.0	2.0	3	5	3	281.17	0.34	0.32	0.4	0.72	5.18
15	1+612.00		0.5	3.96	4.46	192	2.0	1.5	3	5	3	281.17	0.53	0.32	0.4	0.72	5.18
16	1+512.00		0.5	3.96	4.46	115	2.0	1.5	3	5	3	281.17	0.74	0.26	0.4	0.66	5.11
17	1+462.00		0.5	3.95	4.45	76	2.0	1.5	3	5	3	281.17	0.84	0.26	0.4	0.66	5.11
18	1+412.00		0.5	3.95	4.45	65	2.0	1.5	3	5	3	281.17	0.83	0.26	0.4	0.66	5.11
19	1+362.00		0.5	3.95	4.45	66	2.0	1.5	3	5	3	253.49	0.84	0.26	0.4	0.66	6.39
20	1+262.00	挡水堰2 西大河南路桥	2	3.73	5.73	64	4.0	2.0	3	5	3	253.49	0.86	0.26	0.4	0.66	6.45
21	1+162.00		2	3.79	5.79	60	4.0	2.0	3	5	3	253.49	0.78	0.26	0.4	0.66	6.48
22	1+062.00		2	3.82	5.82	68	4.0	2.0	3	5	3	253.49	0.54	0.26	0.4	0.66	6.51
23	0+972.00		2	3.85	5.85	106	4.0	2.0	3	5	3	253.49	0.58	0.26	0.4	0.66	6.51
24	0+882.00		0.6	5.25	5.85	63	4.0	3.4	3	5	3	253.49	0.36	0.3	0.4	0.7	6.57
25	0+813.10		0.7	5.17	5.87	117	4.0	3.3	3	5	3	253.49	0.39	0.3	0.4	0.7	6.57
26	0+717.70		1	4.87	5.87	116	4.0	3.0	3	5	3	253.49	0.32	0.3	0.4	0.7	6.58
27	0+667.70		1	4.88	5.88	142	4.0	3.0	3	5	3	253.49	0.34	0.3	0.4	0.7	6.58
28	0+617.70		1.2	4.68	5.88	140	4.0	2.8	3	5	3	253.49	0.38	0.3	0.4	0.7	6.58
29	0+567.70		1.3	4.58	5.88	128	4.0	2.7	3	5	3	253.49	0.41	0.3	0.4	0.7	6.58
30	0+517.70		1.3	4.58	5.88	118	4.0	2.7	3	5	3	253.49	0.38	0.3	0.4	0.7	6.58
31	0+440.80		-0.8	6.68	5.88	77	4.0	4.8	3	5	3	253.49	0.59	0.21	0.4	0.61	6.48
32	0+390.80		-0.6	6.47	5.87	43	4.0	4.6	3	5	3	253.49	0.68	0.21	0.4	0.61	6.48
33	0+350.00		-0.4	6.27	5.87	37	4.0	4.4	3	5	3	253.49	0.75	0.21	0.4	0.61	6.48
34	0+300.00		0.35	5.52	5.87	40	4.0	3.7	3	5	3	253.49	0.62	0.21	0.4	0.61	6.55
35	0+250.00		0.35	5.59	5.94	52	4.0	3.7	3	5	3	253.49	0.58	0.21	0.4	0.61	6.56
36	0+200.00		0.35	5.60	5.95	58	4.0	3.7	3	5	3	253.49	0.48	0.21	0.4	0.61	6.57
37	0+150.00		0.35	5.61	5.96	74	4.0	3.7	3	5	3	253.49	0.64	0.21	0.4	0.61	6.56
38	0+100.00		1.2	4.75	5.95	65	4.0	2.8	3			238.71	1.10	0.21	0.4	0.61	9.04
39	0+050.00	跌水堰	6	2.43	8.43	82	7.0	1.0	3	单式断面计算		178.32	2.00	0.21	0.4	0.61	9.06
40	0+000.00		6.3	2.15	8.45	59			3	单式断面计算		178.32	2.06	0.21	0.4	0.61	9.08
41	0-047	后石山大街桥	6.5	1.97	8.47	40			3	单式断面计算		178.32	2.06	0.21	0.4	0.61	9.72
42	0-427	4#桥	7.5	1.61	9.11	35			3	单式断面计算		178.32	2.90	0.21	0.4	0.61	

6 小结

本项目涉及山洪通道的预留及破损河道自然风貌的修复设计，还涉及海潮方面的水文知识，包括海潮与河洪的叠加、海水对地下水的影响等内容。水利与风景园林专业在控规阶段进行了非常详细的专业配合，由于都具有很强的落地能力，因此对后期实施与管理的可行性考虑得非常充分。如此细致地设计一条变化丰富的景观河道，投入的人力和工时是常规河道规划设计的一倍以上，使两个设计院的成本投入翻番。但是，为了创造一个更吸引人的环境、一个符合生态安全的城市滨水空间，这个代价是非常值得的。

项目获奖情况

国际奖项

2011 年 1 月荣获国际风景园林师联合会亚太地区风景园林规划类优秀奖

国内奖项

2011 年 8 月荣获北京市优秀城乡规划设计评选三等奖

葫芦岛月亮河景观规划设计

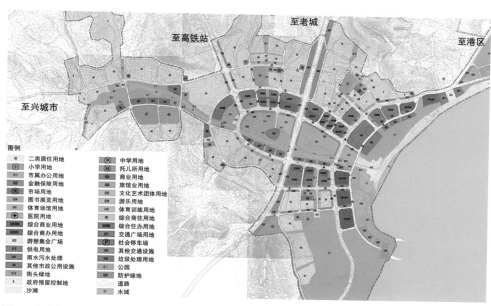

图1　龙湾新区控制性详细规划图

时间：2011 ～ 2013 年

地点：辽宁省葫芦岛市龙湾新区

面积：44hm²

项目背景

　　本项目位于以葫芦岛军港命名的辽宁西部城市葫芦岛市。传说，秦始皇为了寻找海上的神仙，曾经在这里修建行宫，派卢生入海，到仙岛上求取不老仙丹，那时候的葫芦岛或许还在海中。由于要举办 2013 年全国青年运动会，葫芦岛市决定向南发展，选择这片总面积 7.6km² 的滨海区域建设新城，承担城市运动及滨海休闲功能。新城场地环境优美，三面环山，一面（东面）望海。中间有一条小溪，名叫月亮河，在新城南侧山前区蜿蜒入海。从新城向西 20km 是著名的兴城海滨度假区。

　　月亮河赶上了一个好时代，尽管河流很小，却得到规划师极高的礼遇，在滨海新区的总规中，将月亮河作为沟通山海、连接城市绿地的水景观中轴线。东西向串联滨海广场、中心区运动公园、北部河道湿地公园，南北向通过道路绿地与山体相连。

规划区上游河段河漫滩和林地的破坏程度较轻　　规划区中游河段河道比较顺直，两侧挤压较强烈　　河口区域被封闭成小型池塘，里面有若干小虾塘

河道湿地公园段　　城市中央公园段

图 2　月亮河建设前卫星照片

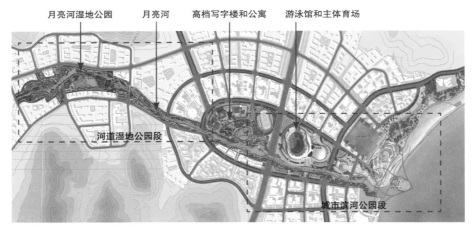

月亮河湿地公园　　月亮河　　高档写字楼和公寓　　游泳馆和主体育场

河道湿地公园段　　城市滨河公园段

图 3　葫芦岛月亮河景观规划总平面图

规划要点

在此类小型河道的景观设计工作中，风景园林专业与水利专业的配合相对容易，在河道的线型、堤防的坡度、围堰的设置等方面，水利部门对如下内容控制比较严格：

第一，河道的走线要基本和现状河道吻合（图 2、图 3）。

第二，必须满足行洪排涝能力。

第三，维持河道景观及生态的水质和水量。

图4 月亮河流经山前村庄

图5 小河进入建设中的新区

图6 河道入海口处的河滩

1 河道现状

月亮河是一条独流入海的河道，流域面积15.6km²，全长8.1km，河道平均比降5.4‰。月亮河所在流域森林覆盖率接近60%，而且地下土层结构渗水性强，河道内常年有水，干旱季节溪水潺潺，温柔可人，水质从观感上看清澈透明，没有异味。

但是到汛期遇到强降雨时，山区河道的洪水特性非常明显，洪峰历时短，危害性较大。龙湾新区防洪设防等级为50年一遇标准，最大洪量254m³/s；当地水利院还提供了10年一遇洪水最大流量169m³/s；100年一遇标准洪水，最大流量313m³/s。需要考虑海潮的影响，从西向东流入渤海，该位置最高潮位2.7m，感潮河段长约3km（图4～图6）。

2 月亮河景观规划设计

根据规划城市人口数量，确定月亮河的防洪标准为50年一遇，洪峰流量为254m³/s；10年一遇洪水量为169m³/s，河道平均比降为0.54%，有了这些数据就可以设计河道的断面，但还需要注意控制河流的流速。根据经验，洪水平均流速在1～2m/s时，既利于生态护岸的稳定，又利于泥沙输移，减少淤积。现状河道的主河槽弯曲度大，河槽很浅，经常沿河滩泛滥；进入城区后，河道过于顺直，坡度较大，流速过快，对生态护岸冲刷严重（图7）。水利专业经计算，

图7 月亮河发水时的照片

提出河道设计的底线要求，第一，底宽要求不小于20m；第二，50年一遇洪水水深3m；第三，素土夯实边坡坡度1：2；第四，在河道内不得建设阻水建筑物（风景园林专业安排的跨河步道属于阻水构筑物，需水利专业审核）。

图8～图13是经风景园林与水利专业配合后的河道施工过程及建成效果。

图8　按照景观设计开挖的河道

图9　建成后的景观效果

图10　河道跌水处施工现场

图11　儿童在河道跌水处嬉戏（让人头疼的事！）

图12　河道跌水处施工现场

图13　河道多级跌水处建成效果

图 14　建成后有污染的死角

图 15　围堰下经常有污染物堆积

3　水质维护

　　河道建成后，非汛期月亮河的天然径流量尽管较小，但基本可以保证城区段水质达到地表Ⅳ类水的标准，中水补充也有一定的帮助。但是在使用过程中，发现有两种漂浮物集中的情况：一种情况是在河道较宽处的边缘，因为平时水流缓慢，在边缘逐渐堆积垃圾；另一种情况是在拦河围堰的位置处容易堆积污物，这是由于海风向陆地吹拂时，将各种杂物吹到围堰的根部所致。这些情况在北方的河道景观设计中很难避免，需要加强人工清理（图 14、图 15）。

4　小结

　　葫芦岛市龙湾新区的景观规划在国内获得多个奖项，得到充分的肯定。过去，月亮河这类小型河道进入城市后的命运是被箱涵化，压在道路底下。而在生态文明时代，她却转身成为一个新城生态网络的景观中轴，风景园林师得以从规划阶段开始主导一条河流的整体设计，"粘合"多个专业的设计成果，从规划阶段一直深入到施工阶段，尽管设计的工作过程很辛苦，还存在很多不尽人意的地方，但是风景园林师在城市尺度项目中所发挥的重要作用，最终还是得到了社会认可（图 16、图 17）。

图 16　葫芦岛龙湾新区 2017 年卫星照片

图 17　月亮河入海口处鸟瞰

月亮河入海口东侧是龙湾广场，再向上是蓝色屋顶的游泳馆。设计过程中风景园林师对游泳馆的建筑朝向和平面位置进行了微调，使其地下管网、室外广场的竖向及铺装曲线与河道的流线衔接更自然。位于海边的龙湾广场的设计也考虑了月亮河入海口的扇形摆动区域，使河口区域恢复自然湿地的形态

项目获奖情况

2013 年 10 月荣获中国风景园林学会优秀规划设计奖一等奖

2013 年 10 月荣获全国人居经典建筑规划设计方案环境金奖

2011 年 10 月荣获辽宁省优秀城市规划设计二等奖

海阳东村河湿地公园景观规划设计

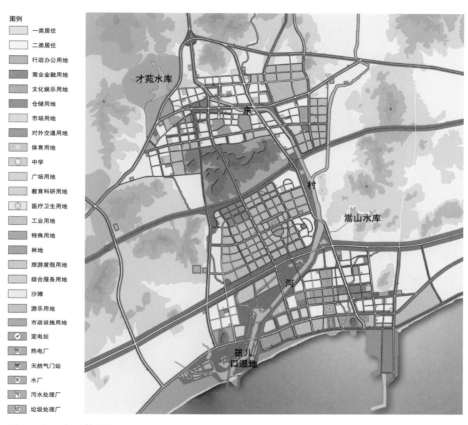

图例

一类居住
二类居住
行政办公用地
商业金融用地
文化娱乐用地
仓储用地
市场用地
对外交通用地
体育用地
中学
广场用地
教育科研用地
医疗卫生用地
工业用地
特殊用地
林地
旅游度假用地
综合服务用地
沙滩
游乐用地
市政设施用地
变电站
热电厂
天然气门站
水厂
污水处理厂
垃圾处理厂

图1　海阳市总体规划图

时间：2009 ~ 2010 年

地点：山东省海阳市

面积：48hm²

项目背景

　　海阳市因地处黄海之北而得名，是以能源工业（山东省核电基地）和旅游服务业为主导产业的县级市，城市人口约 20 万。海阳市新区是第三届亚沙会（海阳）配套设施所在地，选址于海阳老城片区南部，规划范围北至海防路、南至东村河入海口、西至育行路、东至东京路，总用地面积为 11km²，预计人口规模为 6 万人。

　　本项目位于东村河下游河口区域，名为孩儿口湿地，是第一批申报国家湿地公园的城市湿地公园。本项目规划区内河长 3.2km，委托设计的绿地面积为 48hm²(图 1)。

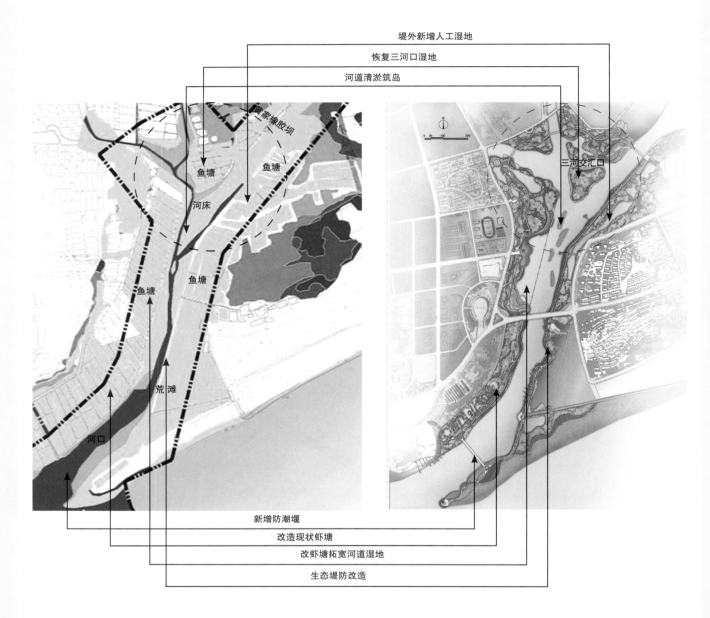

堤外新增人工湿地

恢复三河口湿地

河道清淤筑岛

黄家橡胶坝

鱼塘　　鱼塘

河床

三河交汇口

鱼塘　鱼塘

鱼塘

荒滩

河口

新增防潮堰

改造现状虾塘

改虾塘拓宽河道湿地

生态堤防改造

图2　建设前与规划后湿地公园对比

规划要点

从海阳市城市总体规划图中可以看到，整个东村河河口区域已经被城市包围，东村河流域平原地带也有一半区域是城市建设区，自然状态的河流和河口湿地已不复存在。本项目重点规划内容是将提高河口区的行洪涝能力、生境恢复、截污治污和观赏游憩等内容进行整体设计（图2）。

图3　三河交汇口

图4　现状土堤

图5　海水上侵河段

图6　人工沙滩

（图3~图6摄于2009年08月）

1 湿地生境现状

东村河由北向南流过城市，流域面积184km²。上游有两个主要水库，分别是才苑、招虎山小（一）型水库，总兴利库容854.3万 m³。东村河河口湿地，是第一批国家级城市湿地公园，申报使用的名称是小孩儿口湿地。据当地湿地资源调查显示，该区域生物资源较为丰富，有鸟类115种，昆虫类260种，湿地水生动物461种，水生植物410种。目前河口湿地面临的生境问题如下：

（1）上游河道被渠化并分层级蓄水。首先，顺直河道会导致汛期洪水流速加大，给河口的防洪带来较大的压力；其次，导致入海淡水量、泥沙及营养物大幅减少；最后，由于上游的截流，使降雨量少的年份（1998年流域流量仅176.3万 m³）河道干涸缺水，引起海水倒灌（历史高潮位：3.96m），使湿地盐碱化程度加剧，动植物品种减少。

（2）人工沙滩和防潮堤的修建使宽阔的河口湿地变成狭窄的河道，这样使湿地和浅海的生物交流变得更加困难。河口湿地由喇叭形入海口变成了葫芦嘴形入海口，河口湿地的扇形摆动区域完全消失，生物栖息环境锐减。（图3~图6）

（3）湿地公园周围高密度开发的海景房使人的活动对湿地内鸟类的栖息环境产生压迫，城市道路网的修建也使湿地更加破碎，进一步降低湿地环境对鸟类栖息的适宜性。

（4）由于填海造地、海产养殖及防洪清淤等人类生产活动，使湿地的生境破坏严重，没有保留富有地方特色的湿生植物群落。

（5）来自上游老城区的生活污水、城市雨水及周围农田的污染是河口湿地的主要污染源。

2 河口湿地生境的修复

2.1 河道清淤和人工生态岛构筑

防洪是城市包围下的河口区域重要的工作之一。由于长期缺水及海潮上推，导致河口段淤积严重，降低了上游河段的行洪能力。在缺水的北方城市，需要经常清理淤泥才能保证河道的行洪能力，同时淤泥中的污染物会对存放地造成二次污染，因此就地消化淤泥是最好的办法。当地水务部门提出清淤筑岛方案，黄家橡胶坝至入海口长度约 3km，河床平均宽度约 200m，清淤深度约 0.5m，清淤量约 30 万 m^3。清出的淤泥运至滨海大桥上游约 1100m 的三河交界处堆筑一座较大人工岛，人工岛占地面积不超过 80000m^2，总高不超过 4m；交界处下游至滨海路大桥之间堆筑 4 座较小的人工岛，规模不超过 100m×30m，高度不超过 2m；滨海路大桥至入海口之间，堆筑 2～3 座人工岛，规模不超过 80m×25m，高度不超过 2.5m（图 7）。

2.2 河口湿地水量及水质保证

东村河源短流浅，不具有建设大型水库的条件，因此海阳市的城市用水需要跨流域调水。为保证湿地公园有足够的水量补充，规划利用东村河一级支流城阳河上游的招虎山水库作为主要水源地，最高每年可补充 90 万 m^3 水，湿地需水量约为 80 万 m^3（水面面积 30 万 m^3），重点保护区是三河交汇的湿地公园核心景区。感潮河段和河口滩涂河段主要与海水自然接触。

此外，规划蓄水工程来拦截雨水，蓄积淡水，以保证河口湿地常年有水。拟定修建橡胶坝 2 座，其中 1 号坝在滨海大桥桥体下，2 号坝在大桥下游约 1400m。

为了保证湿地公园的水质，在上游河道进行了相应的截污治污工程，污水经处理后再进入湿地公园（图 7）。

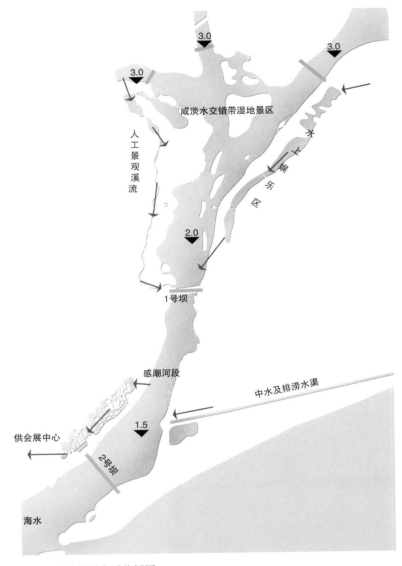

图 7 湿地公园水系分析图

图8　东村河湿地公园景观规划总平面图

1 儿童活动区　　10 海滩
2 大众科普走廊　11 生态岛
3 岛屿咖啡馆　　12 观鸟点
4 波浪广场　　　13 草地
5 水剧院　　　　14 莲花园
6 水生植物园　　15 婚礼草坪
7 湿地　　　　　16 凤凰广场
8 人行天桥　　　17 水钢琴广场
9 森林　　　　　18 游船码头

2.3　生境营造措施

　　生境营造主要包括四个方面的内容：第一是扩大水面，将原来笔直的河道岸线调整为自然弯曲的线型，河道加宽，增大水域面积；第二，将堤外的虾塘、鱼塘、洼地改造成雨洪调蓄湿地；第三，在上游适当考虑娱乐性水体，满足游客水上活动的需求；第四，营造乔木林地，巩固堤岸，遮挡海风，丰富生物栖息环境，优化城市景观（图8）。

3　小结

　　孩儿口湿地在城市的围绕之下，上游的天然来水很难保证。已往的自然河口湿地的景观已经再也看不到踪迹。第三届亚沙会和海阳滨海新区的建设高度重视孩儿口湿地的生态恢复，使已经严重破坏的河口湿地在一定程度上恢复了自然风貌。目前也只有通过人工措施模拟自然环境，在一定程度上发挥生态效益，降低城镇化对环境的负面影响，但是距离真正优美的河口天然湿地还有很大差距，希望未来的城市发展能为这片湿地里的鱼虾和海鸟带来好运（图9、图10）。

项目获奖情况

　　2015年12月荣获英国景观行业协会国家景观奖国际项目奖金奖

图 9　三河交汇处的芦苇荡及生态护岸（摄于 2015 年 06 月）

图 10　东村河入海口鸟瞰（摄于 2015 年 06 月）

四川省沐川县沐溪河景观规划设计

时间：2013 ~ 2015 年

地点：四川省乐山市沐川县

面积：11.5hm²

项目背景

图 1　沐川县城市总体规划图

  沐川县位于四川盆地西南，是国家级生态示范区，因竹子分布面积广而被称为中国"竹子之乡"。

  根据四川省旅游业发展总体规划，确定沐川县以旅游服务为主导、以公共服务为支撑、以山水环境为依托、以主题文化为特色，建设成集行政服务、旅游服务、休闲度假、健康养老、特色商贸、宜居社区为一体的山水慢城。城市总体规划确定城市向南部发展，结合旧城行政办公等功能的部分外迁以及公共服务职能的建设，形成新城核心。既有利于旧城功能疏解，也有利于带动新区的快速发展（图 1）。

  新区规划人口到 2020 年 6.9 万人，城市建设用地 5.56km²。本项目是新区的两岸滨河景观规划，总长度约 2.3km，周边绿地平均宽度约 50m，滨水景观带面积约 11.5hm²。

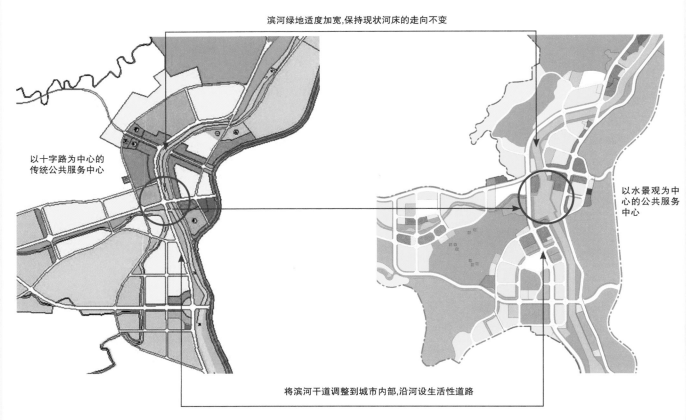

滨河绿地适度加宽,保持现状河床的走向不变

以十字路为中心的
传统公共服务中心

以水景观为中心的公共服务中心

将滨河干道调整到城市内部,沿河设生活性道路

图2　原城市总体规划图（左）与调整后的城市总体规划图（右）

规划要点

　　沐川县是典型的多雨山区小镇。在过去的发展阶段，沐溪河两岸完全是硬化的河道，建筑风貌很差，工业建筑居多，私搭乱建严重。本项目工作方法与旅顺西大河景观规划的方法一致。

　　首先与规划专业协作完成以下三个方面的工作内容（图2）：

　　（1）将公共服务中心与水景观中心相结合，并进行整体规划设计。

　　（2）顺应复杂的地形条件，精细设计滨河绿地的宽窄变化，保持河道自然特色。

　　（3）在河边设生活性支路，将城市主干道尽量移离水边。

　　其次与水利部门配合进行河道整治：

　　（1）中心湖区的设计：涉及闸坝的设置、现状竹林的保护。

　　（2）河道清滩设计：为垫高城市建设用地及提高河道防洪能力，水利部门一般要进行河道清滩。风景园林师要与水利部门研究可以保留哪里的滩涂。

　　（3）入河雨水沟的设计：由于地形起伏大，需要做好从雨水管排出的雨水穿越河滨绿地的生态雨水沟设计。

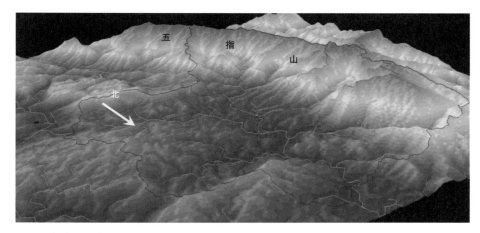

图 3　沐溪河流域透视图

1 河道现状

　　沐川县属丘陵山区，以深丘为主，多呈垅岗状。相对高度为 60 ~ 140m，地势南高北低。沐溪河干流全长 65.9km，河宽 30 ~ 50m，水深 0.5 ~ 3m，平均比降 3.80‰，流域面积 535km^2（图 3）。多年平均径流量 5.08 亿 m^3，径流年际变化不大，最大年平均流量与最小年平均流量倍比值约 1.85，年最小流量多出现在 1 月和 2 月。

　　沐溪河径流年内分配不均，7、8 月水量最丰，6、9 月次之，11 月至次年 4 月为枯水期。5 ~ 10 月径流量占全年的 75% 左右，其中 7 ~ 9 月约占 50%，枯水期 1 ~ 3 月仅为年内的 10% 左右，存在农业灌溉旱情。

　　沐溪河处于五指山暴雨区与马边河暴雨区之间，洪水成于暴雨并与暴雨同步，一次暴雨历时 1 ~ 2d，汛期主要在 5 ~ 9 月，实测年最大洪峰流量 3200m^3/s（1986-07-10），年最小洪峰流量 251m^3/s（1993-07-30），规划区设防标准为 20 年一遇，在幸福乡的过洪水量为 910m^3/s。由于县城郊区河道宽 30 ~ 50m，深仅 3 ~ 4m，平均坡降约 3.80‰，洪水经常出槽，形成洪涝灾害。城区段沐溪河干流由龙门溪、长腰石沟两条支流构成，龙门溪是洪水多发河道，流域面积 75.8km^2，20 年一遇洪峰流量达 696m^3/s（图 4 ~ 图 8）。

图 4　城区河段上游基本保持着自然河流的状态（摄于 2016 年 01 月）

图 5　河边的农田

图 6　河边工厂

图 7　幸福桥

图 8　三河交汇口

（图 5 ~ 图 8 摄于 2013 年 01 月）

2 河道景观规划设计

本项目的难点是尽量保护和利用起伏多变的现状地形，营造美观和人性化的滨河绿地，同时还要符合生态河流的治理要求。由于甲方的大力支持，使得风景园林设计师在河道地形及临河路的施工设计配合工作中，取得了很好的成效。

2.1 精细的岸线设计

风景园林专业介入河道规划设计工作之后，会降低水利、交通等专业的工作效率。标准断面、标准坡度，可以做到结实、稳固、耐用和过洪通畅，但并不适合游憩和河道生态系统的稳定。空间美感、现状树的保护、起伏地形的利用和人性化的场地设计要求城市道路和堤防的位置、线型应尽量贴近自然（图9），并满足人的游憩要求。比如，河道清滩的时候，不能按照50m等宽的宽度进行清滩；有些地方不能上机械作业，需要人工慢慢施工才能做好一些地形和树木的保护，甚至更好地控制流速，以利于鱼类的栖息。这种精细化的河道景观建设非常"浪费时间"，在快速城镇化时期很少顾及这些事情，做到按照近自然河道景观设计标准去实施河道整治非常不易（图10、图11、图12）。

图9 沿河步行小径（摄于2015年12月）

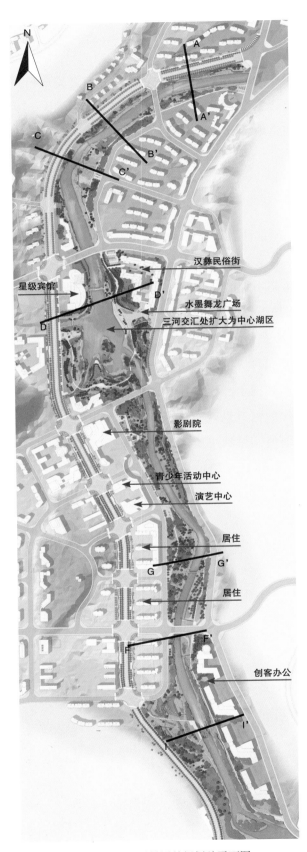

图 10　沐溪河滨河绿地风景园林规划总平面图

以下为图中标注文字：

A A'
B B'
C C'
星级宾馆
汉彝民俗街
D D'
水墨舞龙广场
三河交汇处扩大为中心湖区
影剧院
青少年活动中心
演艺中心
居住
G G'
居住
F F'
创客办公
I I'

2.2　河道清滩

　　沐川县在城市防洪排涝工作中，通常将城市街区、交通道路、楼房小区地面高程垫高至防洪堤堤顶高程，使洪水侵蚀和城市排污排水处理较为有利。

　　此外，沐溪河两岸平坝绝大多数为农田，属黏性土壤，地基较为软弱，"天晴一把刀，下雨一包糟"，不利于城市建设。城市的各项基础设施、楼房及交通道路等的建设，需要建在牢固的地基上，平坝上的城市建设要求采用河床砂卵石或山岩石碴换基或回填垫基以提升地基稳定性。

　　沐溪河道内的砂卵石是非常好的回填城市用地的材料。根据水利部门测算，新区规划河段总长7.39km，要求清淤疏浚河道长度5.00km，占67.66%。规划河段清滩深度平均为1.5m。经估算，清淤疏浚方量约为17万 m^3，其中符合筑堤指标要求的砂卵砾石料可用于建堤，其余的用于堤后平坝低地回填垫高，实现提高堤后地面高程和地基强度的目的。

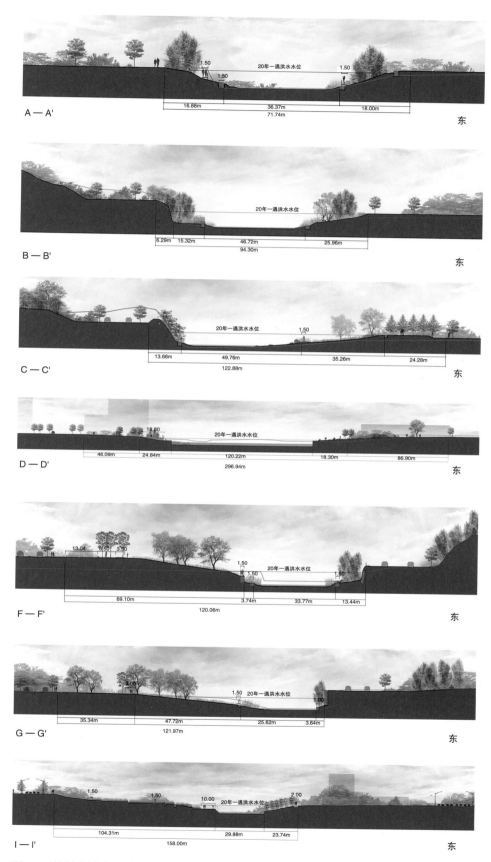

图 11 沐溪河滨河绿地断面设计组图

图 12　中心湖区滨河绿地全景图，远景可见幸福桥（摄于 2015 年 12 月）

2.3 生态雨水沟设计

市政雨水管入河口，城市道路排水口和绿地内微地形的排水都进行了精心的设计。使传统"硬化"的排水沟渠全部转化为卵石铺底的生态雨水沟渠（图 13）。

3 小结

由于没有现状征地拆迁等方面问题的干扰，因此本项目河道景观建设和滨河路的建设推进较顺利，建

成效果基本达到城市小型河道近自然设计所欲达成的目标，图 14 是老城区硬化护岸的照片，其景观效果和新区的河道自然风光形成鲜明的对比。这个建成项目证明，如果在规划阶段就把城市河流的生态保护作为首要目标，通过多专业耐心协同工作，城市河流景观完全可以达到接近自然的状态。

图 13　生态雨水沟的设计（摄于 2015 年 12 月）

图 14　老城区河道硬化护岸（摄于 2017 年 02 月）

甘肃省酒泉市北大河景观规划设计

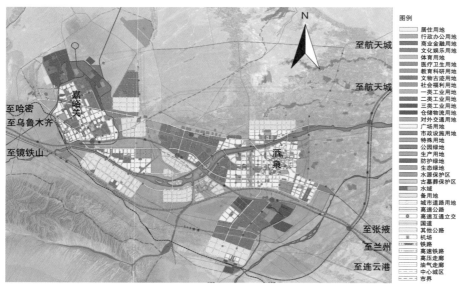

图1　酒泉嘉峪关同城化总体规划图

规划背景

时间：2012 年

地点：甘肃省酒泉市肃州区

面积：22km²

　　酒泉是丝绸之路上的重要城市，位于祁连山北麓的绿洲上。全市辖"一区两市四县"（肃州区，玉门市、敦煌市，金塔县、瓜州县、肃北县和阿克塞县），有汉族、蒙古族、哈萨克族、回族等 40 多个民族，总人口 102 万人，酒泉市中心城区人口 65 万。丝绸之路是欧亚大陆商业与文化交流的重要陆上通道，依托"一带一路"的发展契机，酒泉市加快建设步伐，在新的城市总体规划中，与临近的历史名城嘉峪关合并，实现酒嘉一体化。

　　本项目位于酒泉市肃州区北大河两岸，西临酒泉工业区，东临酒泉主城区，规划面积 22.24km²，其中建设用地面积 335.7hm²；水域面积（北大河水域面积以现状防洪堤内面积统计）590.0hm²；其余用地以耕地及林地为主，总面积 1298.3hm²。本项目得到亚行贷款资助，水利工程由陕西省水利电力勘测设计研究院负责完成。

图 2 规划前用地分析图

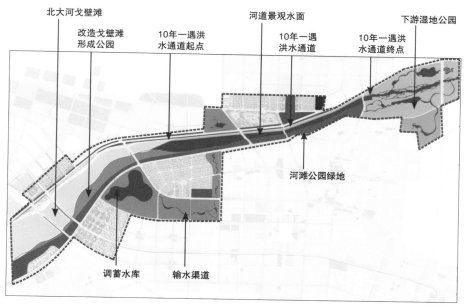

图 3 景观规划后绿地与水系布局

规划要点

读者通过本项目可以了解西北沙漠绿洲地区的水文情况，认识辫状河道在汛期时河滩上洪水漫流对水边游玩的危险性。河道风景园林规划主要内容有两个方面：

（1）采用"清浊分流"的方式营造河道内的人工水景，减少突发洪水对在河滩上游玩者的威胁（图2、图3）。

（2）因地制宜对干旱地区河滩地进行生态修复。

1 河道现状

北大河是讨赖河在酒泉市区内的称谓。该河全长 370km，冰沟水文站以上集水面积为 6883km²。流域内年降水量在空间分布上为南多北少，随着高程的增加而增大。受地形影响，上游祁连山区降水多，下游灌溉平原降水少，山区年降水量一般为 180 ~ 200mm，平原区在 100mm 上，平均年蒸发能力 2148.8mm。讨赖河在冰沟站 1948 ~ 2008 年径流资料统计多年平均径流量 6.4 亿 m³。

（1）北大河洪水特性。讨赖河流域的洪水主要由山区暴雨形成。根据冰沟站 1948 ~ 2008 年洪水资料分析，洪水多出现在 6 月下旬至 9 月上旬，以 7 月、8 月份出现最多，而且多为单峰型，峰高量集中，破坏性较强，主峰靠前，洪水历时一般可持续 3 ~ 4d。50 年一遇洪峰流量 1100m³/s，20 年一遇洪峰流量 750m³/s。

（2）河道生态恶化。陶保廉（1862 ~ 1938 年），新疆巡抚、陕甘总督陶模之子。1891 年陶保廉随父出关路经吐鲁番，1896 年又由塞外随侍入关，途径陕西、甘肃、宁夏、新疆数省，创作《辛卯侍行记》一书，书中记载了讨赖河优美的自然景色及丰盛的物产，"……汇流澄澈，多鳞莫渔，举杆可戳。野牛出饮，群以千计。弥望沃野，胜于酒泉"。由于绿洲人口的增长和农业用水所消耗的大量水资源，讨赖河完全断流，在高蒸发气候条件下，逐渐变成戈壁滩，仅在山洪暴发时，河道内才可见流水（图 4）。

（3）河道泥沙情况。多年平均悬移质输沙量 71.5 万 t，多年平均输沙模数 103.9t/km²，4 ~ 5 月占年输沙量的 2.04%，10 月至次年 3 月占 1.90%，汛期 6 ~ 9 月占输沙量的 96.07%。每年 1 ~ 5 月河水清澈，平均含沙量 0.37kg/m³，6 ~ 9 月洪水期悬移质量增多，平均含沙量 2.5 ~ 10kg/m³，9 月底河水悬移质逐渐减少。合计年输沙量 92.42 万 t。

（4）河道的游憩价值。北大河有春汛和夏汛两个有水的时段，春天的来水清澈而温和，主要是冰山融水；夏天的来水迅猛而且多泥沙，是山区暴雨降水引起的洪水。由于城区段位于绿洲内，因此河滩内的地下水位较高，局部形成片状的湿地（图 5）。只要有水就有生机，每当洪水过后，河道内还是吸引很多市民到这里游玩。但未经过治理的河道存在较大的安全隐患（图 6）。

图 4　讨赖河（北大河）进入平原后的干涸河床（摄于 2011 年 04 月）

图 5　北大河下游绿洲湿地（摄于 2011 年 04 月）

图 6　当地消防官兵救出围困在河道中拾荒者的新闻照片（人）

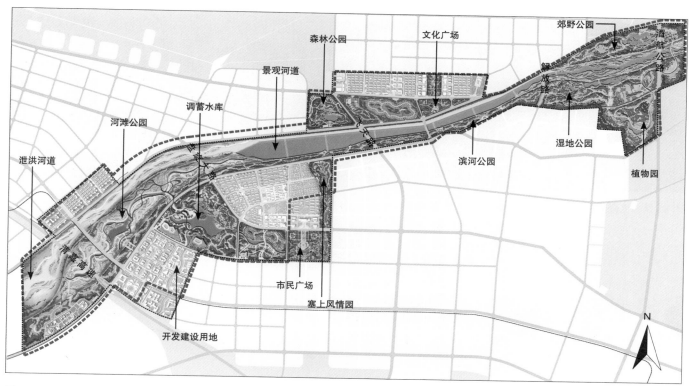

图7 北大河风景园林规划总平面图

（图中标注文字：泄洪河道、河滩公园、调蓄水库、景观河道、森林公园、文化广场、郊野公园、酒航公路、解放路、湿地公园、植物园、滨河公园、市民广场、塞上风情园、开发建设用地）

2 河道景观规划

  北大河风景园林规划可划分为三个区段（图7）。第一段在盘旋大路以北，这一区段河滩地宽度近 1～2km，平时没有水，景色类似戈壁荒滩。规划利用耐旱植物恢复戈壁滩内的植物群落，减少风暴扬沙，并利用河道内取之不竭的砂砾石，堆筑长柳叶状微地形，并在其中修建游憩步道，供人体验河滩荒丘之美（图8、图9）。第二段在盘旋大路和解放路之间，该段重点工作是"清浊分流"工程，将10年一遇规模的洪水控制在60m宽的河道内，另一侧是用多级混凝土堰修成的蓄水河道，"清浊水"之间用

图 8　第一区段的沙砾堆现状照片（摄于 2011 年 04 月）

图 9　第一区段沙砾堆改造成柳叶状绿地，种植耐旱灌木

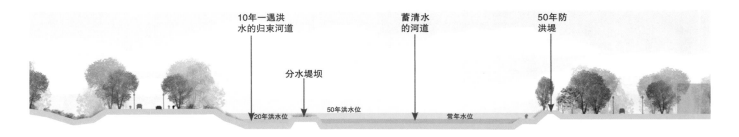
图 10　第二区段"清浊分流"河道剖面示意图

图 11　"清浊分流"工程施工照片，左侧为 10 年一遇洪水通过区域（摄于 2011 年 04 月）

图 12　第二区段沙生植物园效果图

图 13　第三区段现状湿地照片（摄于 2011 年 04 月）

图 14　第三区段湿地恢复后效果图

图15 世纪湖水库（摄于2011年04月）

图16 春汛时的北大河（摄于2011年04月）

图17 北干渠（摄于2011年04月）

钢筋混凝土墙隔开，在清水河道的南岸建城市滨河公园。北大河是含泥沙量很大的辫状河道，如果不采取人工"归束"措施，突发的山洪下来后对河道内的游人形成威胁。必须采取"清浊分流"工程，就是将河道划分为高频洪水（指10年一遇洪水）通过区和可游憩的河滩绿地两个部分，再通过人工引清水进入河道可游憩的河滩绿地内，形成清水景观。"清浊分流"河段为长约5km、宽约400m的城区河道，其中60m宽的断面用于通过10年一遇洪水，其余300多米用作游憩滩地（图10～图12）。

第三段位于解放路与酒航公路之间，这里地势低洼，河道在这里逐渐形成有地表水的湿地，规划将该段建设成为大型湿地公园（图13、图14）。

3 河道水系维护

北大河河道的水系维护采取天然径流、引水、蓄水和中水回用四个途径。春汛主要来自雪山融雪，流经北大河的水质很好，可直接流入清水河道，部分河水被引入"宝葫芦"水库。该水库是专为北大河水系维护修建的调蓄水库，深度6m，总蓄水量达360万 m³。在夏秋季节，北大河的水主要通过现状北干渠和南部老城区的世纪湖水库调水。城市中水将进入下游的郊野湿地公园，在内部净化并循环利用（图15～图18）。

图18 北大河引水蓄水工程分析图

4 小结

由于祁连山融雪形成的河流在出山后就被截流用于绿洲的农业灌溉，北大河逐渐失去了曾经的"汇流澄澈"的景色。对于无水时一片戈壁、尘沙满天，有水时洪流湍急、混乱如粹的河道，如何将其转化为安全的城市滨河绿地是本项目的难点。规划采取"清浊分流"的水利工程措施可能不是最好的，但无疑是一种符合实际的做法。在高蒸发的西北内陆城市，大量的水资源用于城市景观营造，看起来是有些"奢侈浪费"，但是如果绿洲农业能有效运行先进的节水灌溉系统，相信会有更多的水资源重新回到北大河。中国的丝绸之路再次繁荣昌盛，北大河将会再次成为"多鳞莫渔"之河（图 19）。

项目获奖情况

2013 年 4 月荣获国际风景园林师联合会亚太地区风景园林规划类主席奖

图 19　2017 年 5 月北大河两岸的卫星照片

城市滨河公园景观规划设计经验总结

1 对城市滨河公园景观规划工作的复杂性要有足够的认识

从前述项目介绍的内容可以看到，城市滨河公园景观规划的复杂性主要来自三个方面：

第一个方面是我国自然与人文环境的复杂性。我国复杂多变的自然环境要求我们不能生搬硬套成熟经验，需要掌握不同地区河流的水文条件和生态状况。此外，地方文化、国家政策、开发时序、现状建设条件和上位规划要求等复杂的人文因素，也需要风景园林师耐心做好沟通与协调工作。总之，只有"因地制宜"，工作到位，才能做出新意，实现人工与自然相协调的目的。

第二是城乡发展的不均衡性。河流生态和水污染问题具有流域性，在城市内部难以解决，或短时间不能解决；流域内存在城乡经济发展不均衡的问题，使得上下游、左右岸很难兼顾，进而导致河流景观规划目标不可能一次到位，有时不得不迁就现状，采取一些临时性方案。

第三个方面的复杂性是多专业性。做好一个河道景观规划通常需要政府、水利、城建、环保、规划等多个部门统筹协调才能完成。在具体的规划设计中，风景园林、水利、市政、规划几个专业相互交织在一起，协调沟通工作非常繁琐。此外，只有在规划阶段进行滨水区的整体规划，才能实现生态、美学与经济效益均好的结果，否则会适得其反。图1、图2中所示的项目状况，就是没有在规划阶段进行规划、风景园林和水利专业配合后的结果。

2 滨河公园景观规划需依据城市防洪规划

《中华人民共和国防洪法》规定"城市防洪规划，由城市人民政府组织水行政主管部门、建设行政主管部门和其他有关部门依据流域防洪规划、上一级人民政府区域防洪规划编制，按照国务院规定的审批程序批准后纳入城市总体规划"。县级以上水行政主管部门对本地河道的防洪安全负责，风景园林设计公司应与具有相应等级的水利工程设计资质的单位合作完成河道景观设计，以确保设计后的河道符合城市防洪规划中的防洪要求（参见《关于加强公益性水利工程建设管理的若干意见》）。我国很多小型河道没有水文资料，防洪规划工作滞后于城市规划的编制，因此风景园林师需要提醒甲方邀请水利主管部门参与滨河绿地景观规划工作，可以借鉴旅顺西大河风景园林规划的工作经验。

3 城市滨河公园景观规划需要的水文知识

滨河公园景观规划设计最重要的内容是与水利部门配合。为了使工作顺利进行，风景园林师仅依靠聘请水利专业团队是不够的，还要加强河流水文知识及城市河湖管理政策法规及技术学习。学习的目的是为了做好专业配合，风景园林师应该知道城市水利工作的复杂性，理解水利工程师的工作程序和方法，下面简要总结风景园林师应该掌握的关于洪水流速、浪高和地下水的水文知识。

3.1 河道内洪水的平均流速

在前面介绍的实践案例当中，反复强调了洪水流速，如果河水流速过快，则不利于河床内植被的稳定生长和游客的安全；如果流速过慢，则会导致河道内的泥沙淤积，降低河道的行洪能力，通常将平均流速控制在 1 ~ 2m/s，兼顾生物生境及冲淤平衡。河道纵坡、水深和糙率是影响河流流速的三个要素，其中纵坡坡度影响最大，其次是水深。

河道景观规划要知道洪水平均流速，也要知道最大流速在哪里，最小流速在哪里。图 3 是弯曲河道凹岸冲刷区桥墩板桩基础土壤冲刷示意图，可见深槽区域的流速要比浅滩区大。如果河道平均流速是 2m/s，桥墩深槽处的流速可能会达到 3m/s，

图 1 笔直的硬化河道寸草不生

图 2 被冲毁的河道护滩石笼

某北方山区城市，将婉转于山谷间的小河，修成了一条笔直的河道，纵坡坡度接近 4%，两侧修建了 5m 高的混凝土墙，墙外是公路，两侧基本没有留种树的地方。一场 10 年一遇的洪水过后，就把护河底的石笼网冲刷坏，据测算流速超过 5m/s，这样的河滩地已经没有办法进行绿化了

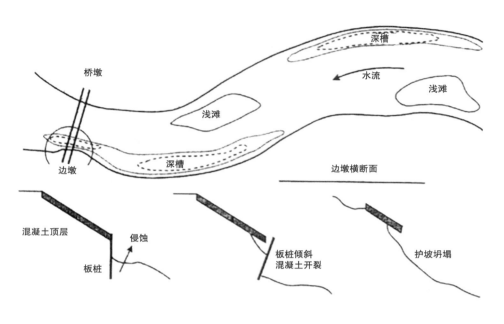

图 3　水流掏挖板桩基础示意图

需要加强基础防护，而浅滩区的流速可能会小于 1m/s。在酒泉西大河项目中提到的"辫状河道"，其主河槽不确定，河道内非常危险，修建步行道和亲水平台等设施时，一定要确定避开高频洪水的区域。

3.2 河湖波浪

波浪对滨河湖绿地的风景园林规划设计影响较大。风浪大的位置不适合布置亲水设施，波浪爬过堤岸后，会破坏绿地，也会掏挖堤岸底部的泥土（图4）。判断哪个位置的护岸风浪比较大可以根据浪高计算公式，年平均风速、主导风向吹程、河道平均水深是形成浪高的三个主要因素，如果规划河道弯曲度大，平均水深浅，则同等风速情况下的浪高较低。风浪计算的经验公式、风壅水面公式及波浪爬高公式可参见水利部门的规范，感兴趣的设计师可以在规划设计工作中尝试应用。

风景园林师应熟悉水利专业设计堤防的方法。决定堤防高度的主要因素是洪水流量、断面形式、风浪爬高和安全超高。连通大海河口处的堤防高度则是海潮的高度加上风浪爬高和安全超高。相同的道理，小河与大河

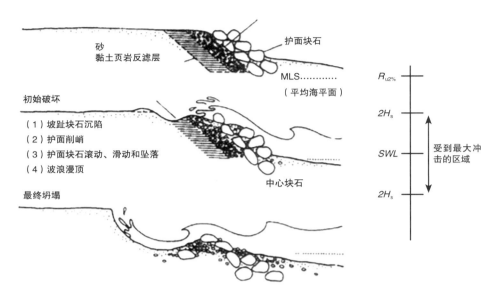

图4 波浪漫顶导致护坡坍塌
（图片来源：郭伟，河床河岸保护概论，2008年）[1]

交汇口的堤防标高由大河的设计洪水位、浪高和安全超高构成。通常安全超高为1m，为节约用地和土方，城市河道的堤防超高部分常用防浪墙来代替（图5）。

风景园林师应注意在防洪规划中提供的洪水位水面线以上，还有一部分堤防高度是为波浪爬高准备的，如果设计的步行道或植物完全按照洪水位高度来设计，可能会出现步行道垫层或铺装层被风浪破坏的情况，种植的小灌木也有可能被冲走。

3.3 河道堤防外侧的地下水

河道旁边地下水有以下两种情况需要风景园林师注意：第一，管涌会导致堤防坍塌。土体中的细颗粒被地下水从粗颗粒的空隙中带走，从而导致土体形成贯通的渗流通道，造成土体塌陷的现象，被称为管涌。管涌破坏一般有一个发展过程，是一种渐进性的破坏。管涌一般发生在一定级配的无黏性土中，发生部位可以在渗流逸出处，也可以在土体内部，因而也被称之为渗流的潜蚀现象。管涌发生时，水面出现翻花，随着上游水位升高，持续时间延长，险情不断恶化，大量涌水翻砂，使堤防、水闸地基土壤骨架破坏，孔道扩大，基土被掏空，引起建筑物塌陷，造成决堤、垮坝、倒闸等事故。第二，地下水位过高会导致临近河道的建筑地下室被淹，

图5 图们北江的防浪墙与堤顶路（摄于2009年06月）

还可以导致滨河绿地的树木被泡死，在进行堤防外侧绿化设计时要特别注意汛期地下水位的高度。在滨水区规划设计时，对于堤防两侧的建筑、水景观和种植设计一定要请有经验的水利工程师配合。

4 关于城市河道生物多样性环境营造的经验

城市河道生物多样性条件受到人类活动影响较大。只有重视河流的生态保护，把握河流水文规律和生物多样性环境形成条件，坚持低影响开发，做好截污治污工作，制定严格的环保法令，并严格执行，城市河道的生物多样性环境才能大为改观，城市里的孩子们就能接触到"近自然"的河流环境。总结近十年的城市河道风景园林规划实践，有以下几点提升城市河道生物多样性环境经验供探讨。

第一，宽度在 10 ~ 100m 的天然河道或人工排渠可按照生态廊道的标准来建设，坚持少与水争地；绿线宽度在 50 ~ 200m 的滨河绿带，可以兼作城市公园绿地，也可以通过绿道与邻近的公园连在一起，加强周边社区的步行可达性；如果河流临近山体，应利用山洪通道两侧的绿地，将河流廊道与山体连成一体。水绿交织成网，河流绿地可成为城市内的骨干生态廊道。

第二，城市地块在滨水区的开发要依河流的自然弯曲来布置建筑，减少裁弯取直，控制河道洪水平均流速为 1 ~ 2m/s，既有利于现状河道生境的保护，又有利于人工生态护岸的稳定。

第三，交通干道、过境交通宜远离河边，将滨水区用地向生活、办公和文化等功能倾斜。水利部门的河道堤防设计宜与滨水区统一规划，形成优美自然、适合游憩的城市河滨绿地。

第四，为修建新的城市河道而清滩时，应尽可能保护好现状大树，保护好原生的竹林、湿地灌丛，这些植物群落不仅能巩固河道堤防，也是重要的鸟类等生物的栖息地。

第五，城市河道清淤是保证河道行洪能力的重要措施，但是清淤也会导致底泥生态系统破坏，这种周期性的河道清淤使得鸟类和鱼类的食物源会被破坏。防洪清淤管理与维持河道生态系统应统筹兼顾。

第六，应转变在河道上拦截水面的做法。尽量让河道回归自然，把精力放在减少排污和垃圾乱放的治理方面，即使有些河道水量很少，但只要河道内形成自然稳定的植物群落，河流的景色一样很优美，如果一定要拦截水面，拦截的堰坝等水工设施应采用自然效果较好的生态工法。

参考文献

[1] 郭伟 . 河床河岸保护概论 [M]. 郑州：黄河水利出版社，2008.

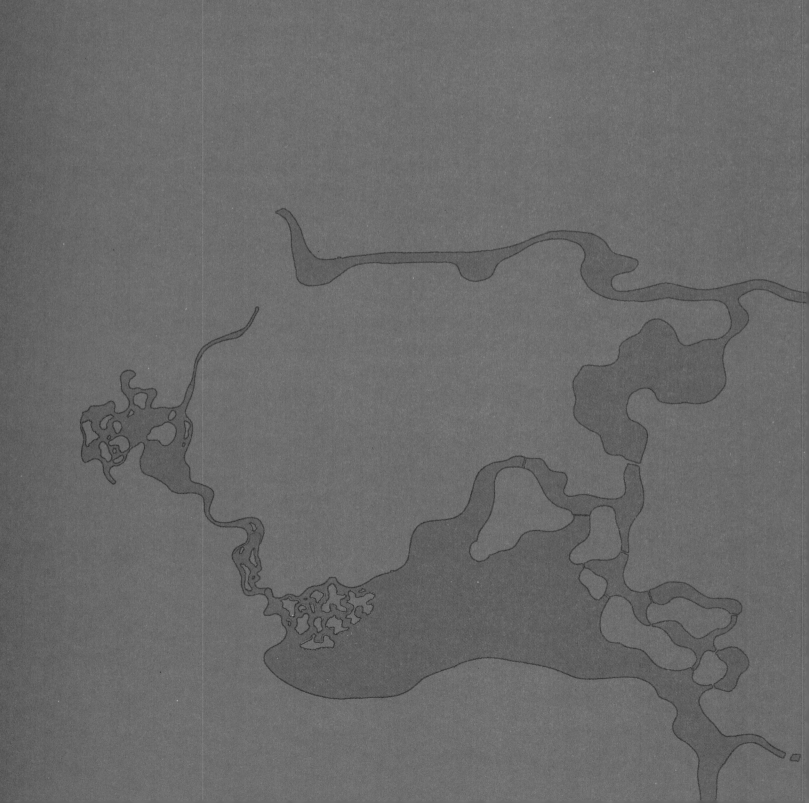

大型城市绿地水系
景观规划设计

中国古代风水学中河水的美与丑

朱晨东 韩毅

2004 年 5 月陕西师范大学出版社出版了《林徽因讲建筑》一书，她在书中的"我们的祖先选择了这个地址"中说："北京在位置上是一个杰出的选择。它在华北平原的最北头，处于两条约略平行的河流中间，它的西面和北面是一弧线的山脉围抱着，东面南面则展开向着大平原。它为什么坐落在这个地点，是有充足的地理条件的，……。北京的高度约为海拔 50 米，地质学家所研究的资料告诉我们，在它的东南面比它低下的地区，四五千年前还都是低洼的湖沼地带。所以历史家可以推测，由中国古代的文化中心的"中原"向北发展，势必沿着太行山麓这条 50 米等高线的地带走。因为这一条路要跨渡许多河流，每次便必须在每条河流的适当的渡口上来往。当我们的祖先到达永定河的右岸时，经验使他们找到那一带最好的渡口。这地点正是我们现在的卢沟桥所在。渡过了这个渡口之后，正北有一支西山山脉向东伸出，挡住去路，往东走了十余公里这支山脉才消失到一片平原里。所以就在这里，西倚山麓，东向平原，一个农业的民族建立了一个最有利于发展的聚落，当然是适当而合理的。北京的位置就这样产生了"[1]。

上段文字有这样的表述："西面和北面是一个弧线的山脉围抱着，东面南面则展开向着大平原。"这是一个"湾"的概念。另有"两条河流、湖沼地带、渡口等"与水有关的描述。林徽因为什么这样讲？一个建筑学家为什么讲山川形势？为什么提到人逐水而居，而聚；聚而成村、成镇、成城；她追溯北京的形成及其与水的关系，具有很深层的意思，但她含而不发。接下来，我们后人要继续探讨"湾"、"水"与人居之间的关系，探讨"水"对城市发展的影响。

1 水景的"八美八丑"观

众所周知，城市规划需对地质、地貌、水文、日照、风向、气候、气象、景观等一系列自然地理环境因素，做出或优或劣的评价和选择，以及所需要采取的相应的规划设计措施，从而达到环境良好的目的。城市中河流的生态价值，如生物多样性、回归自然、水体清洁、水分涵养、改善局地气候和自然物种遗传等，对于人类社会的贡献十分巨大，但是常常不为人们所重视，人们大规模经济活动又经常对河流生态状况产生损害。有学者指出在经济高速发展时期，我国城镇建设大致经历了三个阶段：

第一阶段重视"灰色地带"，注重建设高楼大厦、道路和广场，尽快形成城市规模和城市形象。

第二阶段重视"绿色地带"，注重建设公园、绿地，重视防灾避险和提高居住环境的水平。

第三个阶段重视"蓝色地带"，现在开始注重水域的营造，伴随着经济水平的提高，比公园绿地品质更高的滨水空间景观价值受到了房地产商的青睐。有的城市提出"以水定城、以水立城、以水布城"，非常有气魄。

在治理城市中的河道或湖泊时，景观设计及生态化改造开始提到议事日程上来。更重要的是，各地方政府已认识到开发滨水地区能为城市发展提供契机，更为提升或重塑城市形象创造了条件。但是，如何开发滨水地区？滨水地区与其他地区的开发有什么不同？滨水中的"水"如何定位？滨水地区的防洪标准多大是合理的？都是需要我们认真讨论的内容。不妨从中国古代人居环境建设中起到重要影响作用的"风水"理论开始谈起。

《山洋指迷》[2]是明代周景一所撰的一本讲风水的古书，该书中讲道：水有"八美八丑"，我们该怎样正确解读古人眼中水的美与丑？

水有八美：一眷，去而回顾；二恋，深聚留恋；三回，回环区引；四环，绕抱有情；五交，两水交汇；六锁，湾区紧密；七织，之玄如织；八结，众水会潴。

水有八丑：一穿，穿胸破膛；二割，割脉割脚；三牵，天心直出，牵动土牛；四射，小水直来，开如箭射；五反，形如反弓；六直，来去无情；七斜，斜飞而去；八冲，大水冲来。

"风水"理论所谈的水之八美中的前四个讲的是一条弯曲的河道，什么样的形态"聚气藏风"；第五个讲的是两个水交汇之处为美，水用足而利通航；第六个指港口或湖泊的闭锁形态为美，第七个是指纵横交错的水网地区为美，因为这里鱼虾水产丰富；第八个是指水源众多，不用担心没有水用。"人与天调然后天下之美生"（《管子·五行》），是古人对合理处理人与自然的和谐关系，形成人与自然关系和谐的人居环境的高度概括。自然界中水的形态主要是曲折回环的，这样的水形与万物的生机联系在一起，因此古人以曲为美。古人最忌水流直泻僵硬，强调水流应曲曲有情。其追求曲折，主要是为了趋吉避凶。"吉气"沿着曲折蜿蜒的路径行进与蓄积，而"煞气"则沿着直线穿流。而水利工作者认为：河道蜿蜒性的保护和修复对于生态保护至关重要。只有蜿蜒曲折的水流才有生气、灵气，我们反对河流裁弯取直，希望水生生物种类与数量能够恢复到最大化；我们希望洪水在陆地上停留的时间越长越好，怎么能做到越长越好？那就是河道蜿蜒，使河床容积增大。

2 规划建设应主动回避凶水

在"风水"中提到的水景观之"八丑"，不是简单的河流形态上的美与丑的总结，而是源自长期生活经验的积累，吃的亏多了，古人就记住了哪些水的形态"主凶"，哪些"主吉"。在水的"八丑"中，直来、直冲、箭射等直线型的河道是一大禁忌，冲心、斜飞、穿堂等河流穿过城市的位置也不吉利，再有就是反弓和割脚水。

比如城中有一条弯曲的河，负责土地开发的人认为它太占地方了，不利于房地产开发，硬要将其裁弯取直，就称为"穿胸破膛"。如此一改，建设用地面积看起来是增加了，但是宜居之处却少了；那么我们认为，这座城很容易遭受洪水的侵袭，过不了太平日子。笔直的河流洪水的流速会很大，河槽内洪水的蓄积量少，洪水在陆地上停留的时间缩短，很容易使洪水出槽，这就是"丑"的原因。

西方发达国家也吃了很多这样的亏，伴随着城市规模的日益扩大，原来认为没有问题的河道成了洪水泛滥

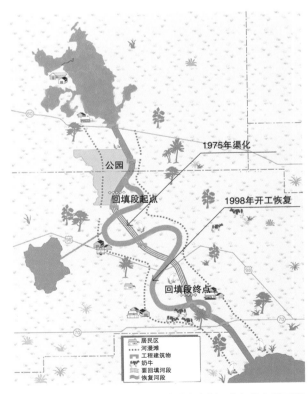

图1 基西米河生态修复工程（图片来源：《生态水利工程原理与技术》，2007年，董哲仁、孙东亚主编）

图 2　台东县知本温泉区倒塌的饭店（图片来源：凤凰资讯）

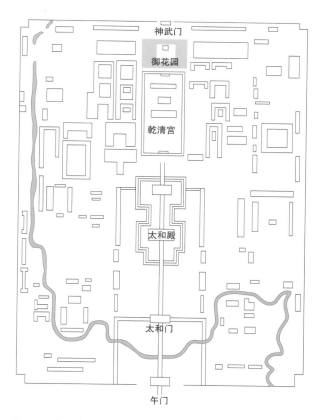

图 3　北京故宫金水河平面示意图

的重灾区，经过二十多年的反思，发达国家开始对违反自然规律的老建筑打掉重来，比如美国基西米河生态修复工程（图 1），就是重新恢复河流的老河道，增加流域内的蓄滞洪空间[3]。

在河流的凹岸处不适宜盖房子，这是众人皆知的常识，因为它容易被洪水掏刷，所谓"割脉割脚"是风水学中的一个名词，指割麦子时不小心把自己的脚割伤了，用到房屋建筑上，即指地基塌陷，房屋歪倒。我们要懂得河流的凸岸与凹岸，避免在凹岸引水，建闸；对房地产开发商要在凹岸修建住宅区，水利工作者应给予劝阻。但是在利益的驱动下，紧贴凹岸建房子的很多，左图即是一个例子（图 2）。

在 2009 年，台东县曾经出现这样一起房屋倒塌事故，其过程在当地媒体得到了详细的报道："莫拉克吹袭台湾导致大雨成灾，台东县知本温泉区面临有史以来最大浩劫。温泉区入口的路基惨遭知本溪水淘空，连附近建筑物的地基都流失，包括便利商店在内近 10 家店面已经掉入水中。金帅饭店昨天清晨被发现倾斜 20 度，顿成危楼，附近民众立刻疏散。由于地基持续淘空，在昨天上午 11 点 38 分，撑了半天的金帅饭店在不到 20 秒的时间内，整栋倒塌掉进知本溪滚滚洪流中。"

3 北京故宫金水河之"美"

古人将自然河湖的美丑观带入到城市内人工沟渠的形态设计中，形成了中国独有的水景观设计风格。下文以故宫为例，可帮助读者理解"风水"思想中水的美丑观。北京故宫内有一条人工修建的金水河，其实用功能包括排涝、向内宫运送物资、消防、美化等，指导其河流形态设计的不单纯是使用功能，还包括"阴阳交济，山水冲和"[4]的"风水"思想（图 3）。

金水河从西北角进入紫禁城，一方面是北京的自然地形所致，此外还蕴含五行八卦之术，紫禁城西北角是城隍庙，主司土地，这里土质深厚，按五行的推法，则土能生金，金能生水，水从这里产生，流经兑位即金位，故称金水河，即乾金之水[4]。金水河西侧河道与城墙方向相同，长约200m，其平面不是一条直线，而是弯弯的曲线。如果金水河的修建是从神武门直接修到午门，"天心直出，牵动土牛"。"天心"是风水术语，乾为天，天心就是天地阴阳交合的胎息之地，如果将一条河道引入城市中心，古人一定不会直着穿过中心的位置，而是要绕抱而过。

金水河从西侧引入后，几经弯转，在武英殿南门外形成一个回环绕抱的水形，然后向东行走，在太和门前的广场中，形成一个对称的弓字形，弓的方向朝向午门，拱卫天子，这种水的形态被称为"冠带水"、"眠弓水"，如果把这条河流反过来设计，就是攻击宫城的"反弓"水了。

古人设计河流时有"开天门闭地户"的做法，"凡水来处谓之天门，若不见源流谓之天门开；水去处谓之地户，不见水去谓之闭户"[4]。故宫金水河的出水口在西南侧僻静之处，几经转折而后消失在人们的视线之外，形成一种意蕴不尽的含蓄之美。

故宫金水河趋吉避凶的河流形态设计，避免了直来直去或斜飞而过的河道，以绕抱有情的河道形态围护太和殿、乾清宫等宫殿区。这种设计语言来自于古人对宜居之地经验的抽象总结，其中蕴含"天人合一"的美学内涵和安全的人居环境规划的科学原理（图4～图6）。

4 小结

本文前半部分是根据朱晨东总工在清华同衡规划院的讲座整理而成，故宫金水河部分内容是课题组研究故宫水系的成果。风水学说是中国古人在人居环境建设过程中逐渐积累下来的一门学问，其中不乏科学原理，但也有迷信糟粕。本书将古代风水学中的"八美八丑"思想纳入城市水景观规划的理论研究中，其意是要提醒每一位当代设计师，要尊重华夏先人世代心血的经营与辛勤汗水的浇灌，加强对传统人居环境规划理论及技术的研究，为今天的生态文明建设作出更大的贡献。

参考文献

[1] 林徽因 . 林徽因讲建筑 [M]. 西安：陕西师范大学出版社，2004.

[2]（明）周景一 . 山洋指迷 [M]. 呼和浩特：内蒙古人民出版社，2007.

[3] 董哲仁，孙东亚等 . 生态水利工程原理与技术 [M]. 北京：中国水利水电出版社 .2007.

[4] 王子林 . 紫禁城风水 [M]. 北京：紫禁城出版社，2005.

图4　太和门前的金水河（摄于 2013 年 12 月）

图5　在绿地中穿行的金水河（摄于 2013 年 12 月）

图6　消失在故宫西南角的天水河（摄于 2013 年 12 月）

北京奥林匹克森林公园
水系景观规划设计

时间：2003 ~ 2008 年

地点：北京市朝阳区

面积：6.5km²

图 1　北京奥森公园在北京市的位置

西方学者将面积大于 500 英亩（合 3035 亩，约 2km²）的公园称为大型公园[1]，世界上比较著名的大型公园有纽约的中央公园（Central Park）、巴黎圃龙林苑（Bois De Boulogne）、伦敦海德公园（Hyde Park）。这些大型公园的出现是城市规模迅速膨胀的产物，人们逐渐认识到在高度密集的城市中大型绿地对保护城市环境、公共安全和维护居民身心健康的重要性。北京奥运公园坐落在北京古城中轴线的北延长线上，可分成南北两个部分，北面是森林公园，南面是比赛场馆区。

2008 年竣工的北京奥林匹克森林公园（简称北京奥森公园）总面积 6.5km²，北靠清河南岸，公园中部跨过北五环，五环以南的南园与鸟巢等奥运场馆区（简称北京奥运中心区）毗邻，中间仅隔一条城市支路（图 1 ~ 图 4）。地铁 8 号线在北京奥森公园南门设有出口，交通非常方便。奥运会成功举办后，北京奥

图 2　北京奥运公园与北京古城中轴线分析图

162

图3 2002年10月北京奥运公园建设前卫星照片

图4 2008年08月北京奥运公园卫星照片

森公园和北京奥运中心区成为北京市最火的旅游景点之一。

"山水"是中国风景式园林的灵魂，北京奥森公园在水系景观规划方面也着实下了一番功夫。本项目中水系规划涉及四个方面内容，第一为水形态与水文化；第二是水系运行与维护管理；第三方面是雨洪管理；第四是水生态设计。北京奥森公园的水系景观规划设计是北京奥运会"绿色、人文和科技"三大设计理念最佳示范的核心工作之一。

1 北京奥运公园的水形态与水文化

1.1 通往自然的轴线与中国"山水"文化

在2002年进行国际招标的北京奥运公园（Beijing Olympic Green），有95家设计机构参加，最后获胜的是美国的SASAKI公司，该公司提出了"通往自然的轴线"这一总体规划概念，并且是所有参赛单位中，唯一一个进行了与北京古城水系对比分析的投标单位。该方案提出模仿古代城市以人造山水来寓意自然的做法，在北京奥森公园内设计一个人工山体和一个湖泊，作为北中轴延长线上的终点。这个山体后来被称为"仰山"，山前的湖泊被称为"奥海"，北京的北中轴就融入这片山水之中。美国SASAKI公司这一规划构思正与中国传统哲学中的"天人合一"思想相吻合，因此获得了此次投标的胜利（图5～图7）。

1.2 北京奥运公园水系"龙形"的由来

建成之后的北京奥运公园水系设计很有特点，在北四环和北五环之间的中轴线上，出现了一条翩然若飞的"水龙"，将城市与森林串连在一起。"龙头"就是"奥海"，"龙身"是从"龙头"向西南方向延伸出的一条河道，以"S"形弯曲进入北京奥运中心区，绕过鸟巢后与亚运村前的现状景观水系融为一体。那么，这条龙形水系是怎么形成的呢？

图 5 北京奥运公园风景园林规划总平面图

图 6 从仰山回望北京北中轴的效果图

图 7 北京奥运中心区龙形水系的效果图

　　在进行总体设计时,该项目的设计团队开始时并没有想到龙,只是想到要用一个人工的水系,由南到北把北京奥森公园与北京奥运中心区两个板块串起来,形成一个整体化的北京奥运公园(图8、图9)。于是就想到用至柔的水体,绕过生硬的建筑和中轴线进行人工与自然的叠加。当图全部画完之后,大家都在想怎样讲这个水系,觉得有点像龙,有头、有身

图 8(右页) 2013 年 09 月
北京奥运公园卫星照片

图 9 从北京奥森公园上空回望北京中轴线（摄于 2008 年 10 月）

子、有尾巴，在设计说明书上就写上，"形似中国传统'龙'形象的水系，把全园的空间连接成了一个整体"。中华民族是龙的传人，而奥运会又是世界人民聚会的盛大节日，用龙文化来纪念在中国第一次举办的世界顶级盛会，再合适不过。就这样，在首都北京的北中轴线上就出现了一个"龙形水系"。

2 北京奥森公园水系运行与维护管理

2.1 北京水资源缺乏的状况

北京地区年降水量在 550mm 与 660mm 之间。由于受季风气候的影响，降水的季节分配不均，年降水量 80% 以上集中在汛期（6～9 月份），夏季降水量可达 400～450mm，而且多以暴雨形式出现。北京年平均蒸发量 1842.2mm，最大蒸发月在 5 月，占全年蒸发量的 15% 左右，而这个季节又是万物复苏，最需要水分的时候。北京还是严重缺水的城市，2012 年的人均淡水拥有量仅为 143m³，北京市政府非常重视节约用水。根据估算，北京奥森公园全年耗水量达 1700 万 m³，如果全引清水对北京来说是笔不小的开销。所以，在北京要保证公园植物的健康生长和水系内清水不断流绝非易事。

2.2 北京奥森公园建设前水系情况

北京奥森公园北界清河，地势西南高东北低。用地内有两条排渠，在东部由南向北流入清河的叫仰山大沟，汇集亚运村雨水；从西北进入用地的河道叫清河导流渠（又称清洋河），平面呈"折线"形，在东南角科荟路下经暗涵入北小河污水厂。两条河渠水质均为劣 V 类，淤积较严重，行洪能力达不到 50 年一遇的标准。用地内还有洼里和碧玉两个郊野公园的人工湖，水面面积约 12 万 m²，其中碧玉湖已近荒废（图 10～图 14）。

2.3 北京奥运公园规划水系概况

水系"龙身"部分设计情况。位于科荟路至四环路之间，线条流畅飘逸的带状水体将亚运场馆、鸟巢、国家会议中心、中国科技馆新馆等建筑串连在一起。"龙身"的排水进入北京奥森公园内的"龙湖"，过量的排水通过暗涵汇入仰山大沟。

图 10　清河

图 11　清河导流渠（清洋河）

图 12　仰山大沟

图 13　洼里湖

（图 10～图 13 摄于 2003 年 09 月）

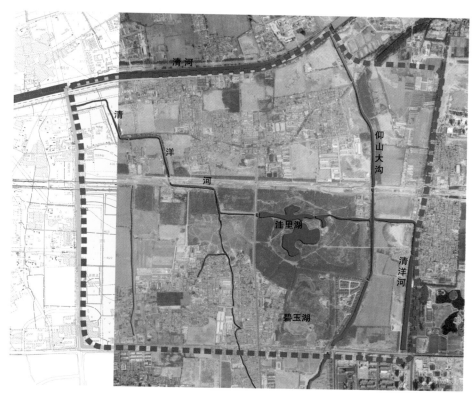

图 14　北京奥森公园建设前水系分析

　　水系"龙首"部分设计情况。五环路和科荟路之间的"龙首",是在保留和适当修改翠湖和洼里湖的基础之上开挖的人工湖,称为"奥海",面积约 24.8 万 m^3。此外又增加林泉高致和人工净化湿地两处水景,在平面上看仿如两条"龙须"。

　　北京奥森公园北园生态沟渠及洼地。五环路以北的区域地势低洼,规划后重新设计了地形,形成若干低洼区和小的高岗,和奥运主山"仰山"相呼应。这些低洼地平时无水,仅在雨季有水,为了更好地组织排水,避免低洼地植被被淹,修筑了一条小河连通清河与清河导流渠,一方面可从清河导流渠引水入园,另外可将过剩的雨水排入清河,河流长度约 1km。

　　仰山大沟和清河导流渠设计情况。在保持现状河道走向情形下,拓宽河道,重新修筑堤防、放缓边坡并与周边地形融合(图 15)。

图 15　北京奥森公园水系分析图

2.4 北京奥运公园水系的用水保证

　　基于北京市的水资源情况，规划采用再生水作为公园的主要供水水源，清水作为备用水源。再生水来自清河再生水厂和北小河再生水厂，分别接入北京奥运中心区"龙身"的尾部、北京奥森公园南园人工湿地净化区和北园新修河道与清河导流渠的交叉口。为应急考虑，从科荟路自来水管线接入 $DN800$ 钢管，日供自来水 8 万吨。北京奥运公园龙形水系还有第三重保证，还可调入密云水库的清水补充水系，清水输送涵管在地下与北京奥森公园西部的小月河相连[2]（图 16）。

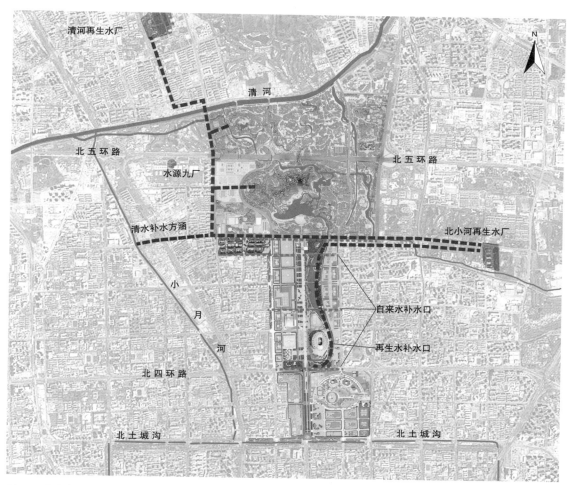

清河再生水厂

清 河

北五环路　北五环路

水源九厂

清水补水方涵　北小河再生水厂

小

月

自来水补水口

河

再生水补水口

北四环路

北土城沟　北土城沟

图16　北京奥运公园供水水源分析图

2.5　北京奥森公园水质维护

2.5.1　水质模拟

为了更好地反映北京奥森公园的水系特征和水环境特征，预测水质的时空变化，根据公园水系的特点，建立二维水质-水动力学模型来进行不同维护方案水量与污染物质浓度的变化情况模拟。

在模型选择时综合考虑模型的实用程度、数据可获取性和模型先进性，最终确定的模型为：水动力学模型为 EFDC 模型，水质模型为 WASP 模型。将 EFDC 和 WASP 进行耦合，搭建了本方案设计使用的二维水动力学-水质模型。WASP 模型是美国国家环保局开发的水质模型，它的 EUTRO 模块适合模拟以富营养化为主要水质问题的湖泊、水库、河湾等。EUTRO 模块常被用于模拟分析传统的污染物行为，包括 DO、BOD5、营养物质和浮游植物等因子（图 17～图 19）。

在规划过程中模拟了两种情况：再生水直接进入主湖和再生水经人工湿地净化后再进入主湖。主要模拟数据包括：COD（化学需氧量）、TP（总磷）、TN（总氮）、氨氮指标。其中 COD（化学需氧量）是衡量水中有机

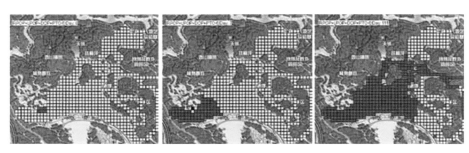

图 17　再生水直接补水情景总磷模拟结果

根据上图的模拟结果，可以得到以下结论：
（1）补水口附近水质将迅速恶化
（2）经过三个月补水后，大部分湖体的水质将为Ⅴ类水平

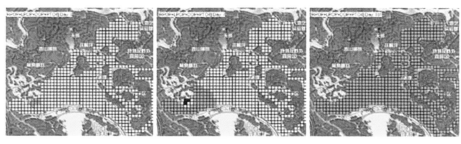

图 18　再生水经湿地补水情景总磷模拟结果

根据上图的模拟结果，可以得到以下结论：
（1）补水口附近水质将有恶化的趋势
（2）经过三个月补水后，湖体的水质将为接近Ⅳ类的水平

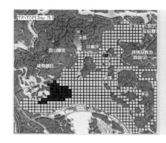

图 19　推荐情景总磷模拟结果

根据上图的模拟结果，可以得到以下结论：
（1）在循环过程中，总磷浓度呈下降趋势
（2）在雨季，总磷浓度有所升高，但是消退过程也很明显（湖水缓冲和循环过程作用的结果）

物质含量多少的指标，化学需氧量越大，说明水体受有机物的污染越严重；氨氮是水体中的营养素，可导致水富营养化现象产生，是水体中的主要耗氧污染物，对鱼类及某些水生生物有毒害；水体中的磷是藻类生长需要的一种关键元素，过量磷是造成水体污秽异臭，使湖泊发生富营养化和海湾出现赤潮的主要原因；TN（总氮）被用来表示水体受营养物质污染的程度。

2.5.2 再生水净化人工湿地设计

利用人工湿地来净化污染物的做法来自大自然的启发，环境工程师发明了人工强化湿地，既可以节约用地，又可以兼顾景观，人工湿地对污染物的消纳能力参见表1。为了展示先进的水处理技术，更好地起到生态示范和教育的功能，在维护系统中设计建立一个水处理技术的展示温室，占地约1500m²，将展示多种先进的水处理技术，以及各种形态的湿地系统（图20～图25）。

湿地对污染物的消纳能力表　　　　　　　　　　　　表1

污染物	人工强化湿地	天然湿地
COD $[g/(m^2 \cdot d)]$	1.28 ～ 24.70	0.029 ～ 0.760
TN $[g/(m^2 \cdot d)]$	0.255 ～ 41.68	0.001 ～ 0.189
TP $[g/(m^2 \cdot d)]$	0.051 ～ 0.450	0.001 ～ 0.050

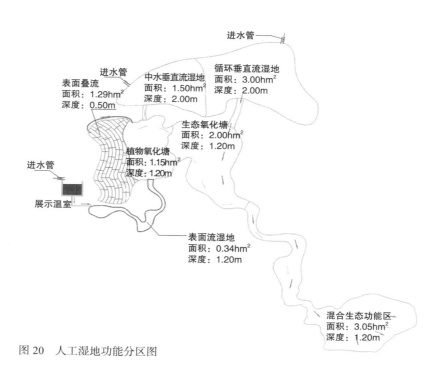

图20　人工湿地功能分区图

图21　人工湿地景区展示温室内景（摄于 2008 年 06 月）　图22　建成后的潜流湿地区的芦苇荡（摄于 2009 年 10 月）

图23　展览温室外的跌水花台（摄于 2008 年 06 月）　图24　表流湿地进主湖前的跌水（摄于 2009 年 11 月）

图25　表流湿地内的沉水步道（摄于 2009 年 10 月）

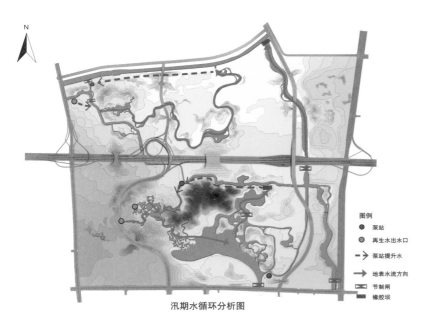

图例
● 泵站
◐ 再生水出水口
⇢ 泵站提升水
→ 地表水流方向
▭ 节制闸
▮ 橡胶坝

汛期水循环分析图

图 26　北京奥森公园汛期水循环图

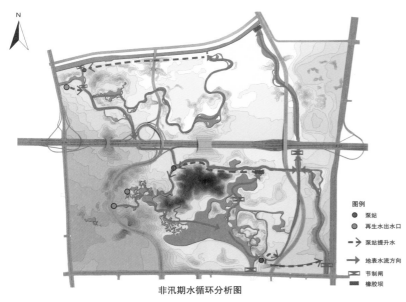

图例
● 泵站
◐ 再生水出水口
⇢ 泵站提升水
→ 地表水流方向
▭ 节制闸
▮ 橡胶坝

非汛期水循环分析图

图 27　北京奥森公园非汛期水循环图

2.6 北京奥森公园整体水系循环

2.6.1 汛期循环

在汛期（每年 6 月 1 日～ 9 月 15 日），由于清河导流渠和仰山大沟将担任北京奥运中心区的地表径流排除功能，河流断面瞬间流量大，河道用水量可以基本得到保障。但由于城市非点源污染的影响，水质波动比较大，而北京奥森公园南园水系功能定位较高，要求水质能得到持续有效的保障。因此，为了公园水系的水质安全，采用小循环方案运行（图 26），形成南北两个独立的小循环系统。

2.6.2 非汛期循环

在非汛期，清河导流渠和仰山大沟上游将没有来水，为了更好地营造公园的水环境，将采取大循环方案（图 27）。该循环方案需要在北区建立一条长 2140m 的输水管道和相应的泵站，以便连通仰山大沟北侧和清河导流渠北侧的水系；在主湖的东南角修建 980m 的输水管道，以便连通主湖与仰山大沟和清河导流渠南侧。其中，北区水系的循环量为 2000 ～ 3000m³/d，南区主湖的循环量为 10000 ～ 20000m³/d。

2.6.3 汛期到非汛期切换

在汛期结束后，要对清河导流渠和仰山大沟的水质进行监测。如果水质指标超出 V 类限值，则需要从主湖先放水稀释（图 28），然后才能启动非汛期的循环方案。如果清河导流渠和仰山大沟中的水质指标超标倍数在 5 倍以上，则

图 28　北京奥森公园主湖上的大型音乐喷泉（摄于 2008 年 09 月）

需要考虑放空河道，然后在从主湖或者北区水系向河道中补水，待水位达到正常水位后，启动非汛期循环方案。建议在汛期积极采取雨洪利用措施，使河道中的水量水质尽量保持比较好的水平。

3 雨洪管理设计

3.1 径流控制目标

利用园区大面积绿地与水面的有利条件，采取改善地形增加蓄水条件（表2），辅以改善地面的下渗条件，提高土壤的含水能力，最大程度将雨水贮蓄于园、用于园。规划提出了北京奥森公园径流控制目标，一年一遇降雨无径流外排；五年一遇降雨外排水量的综合径流系数不大于0.3。规划提出集中建设区域的雨洪管理目标，一年一遇降雨外排水量的综合径流系数不大于0.1；两年一遇降雨外排水量的综合径流系数不大于0.3；五年一遇降雨外排水量的综合径流系数不大于0.5。

图29　嵌草地坪停车场

图30　透水沥青铺砌的主路

3.2 雨水排放规划

根据北京奥森公园规划地形、地貌、园内河湖水系及周边市政雨水条件，规划制定了充分利用雨水资源，以蓄为主、排蓄结合，工程措施与非工程措施相结合，因地制宜的排水方案。

	河渠长度	湿地	景观水面	河流蓄水量	湖泊蓄水量
规划前	9.497km	2hm²（鱼塘）	12ha	约70万 m³（汛期）	30万 m³（汛期）
规划后	11km	13.4hm²（人工湿地）	53.3ha	约140万 m³（汛期）	120万 m³（汛期）

规划前后水系对比表　　　　　　　　表2

图31　级配碎石小路

（图31、图32摄于2014年09月）

第一，园区雨水以蓄滞为主，下渗为辅。园内河湖水系是园区主要的天然蓄水池。规划安排透水材料、渗井、截流渗沟等工程及非工程措施，以充分涵养地下水，并考虑在发生超频率降水时，依地形安排排洪沟，将超频雨洪及时排入园内河湖水系，然后向北排入清河（图29～图31）。

第二，公园门区、停车场、游客活动区及重点建筑区雨水以排为主，就近排入园内水系或市政管网；

第三，沿公园主要道路设雨水明渠，承接部分绿地及道路雨水，就近排入公园水系。

图 32　雨水回用于"林泉高致"的溪流　　　图 33　雨水回用说明牌

（图 33 ~ 图 37 摄于 2008 年 09 ~ 10 月）

　　第四，园内水系下游规划安排节制阀门，汛期科学控制雨水向清河的排放，以利雨洪利用（图 32、图 33）。

　　第五，于入水系前，规划设计安排沉沙拦污井，以确保排入园内水系的水质。

　　第六，建筑雨水进入雨水系统前必需设置弃流设施以控制初期雨水污染。

3.3 雨水利用

　　园区内的雨水主要通过绿地内的河湖湿地、洼地系统"自然积存，自然渗透"，回补地下水或供植物生长使用，此外就是园内绿化灌溉、道路喷洒及景点用水。

4 水系生态设计

　　规划后的北京奥森公园将现状的村落和农田生态系统转变为北京平原地带的近自然林生态系统，原来的狭窄僵直的排洪沟渠调整为边坡平缓、弯曲自然的生态河道。公园内还扩大了人工湖面积，拆除了洼里湖的硬质护岸，增加了 10 多公顷的人工湿地，丰富了动物栖息的生境。公园内坚持节约用水，通过人工控制，保证水系的循环，实现清水环流，旱涝无忧。公园建成后，水系内鱼虾繁殖，生机重现，根据 2016 年 IBE 公司所作的生境调查，在北京奥森公园水系内发现了鳖、高体鳑鲏、圆尾斗鱼等十几个新物种（图 34 ~ 图 42）。河流湿地生态系统的恢复吸引了大量水禽到公园栖息，北京奥森公园因此成为北京观鸟爱好者经常聚集的场所（图 43 ~ 图 46）。

图 34　IBE 公司调查人员在北京奥森公园野外调查

IBE　简介

　　影像生物调查所（IBE）是一家专业自然影像机构，致力于创立"IBE 中国自然影像志"，专注于呈现中国自然之美。IBE 是 Imaging Biodiversity Expedition（影像生物多样性调查）的英文缩写，是影像生物调查所开创的一种生态调查法，它通过团队合作，综合记录一个区域不同生态系统和生物类群包含科学数据的影像，以进行生态调查。

图 35　黑斑侧褶蛙（奥森 IBE 版权所有）

图 36　乌鳢（奥森 IBE 版权所有）

图 37　黄颡鱼（奥森 IBE 版权所有）

图 38　圆尾斗鱼（奥森 IBE 版权所有）

图 39　麦穗鱼（奥森 IBE 版权所有）

图 40　子陵吻虾虎（奥森 IBE 版权所有）

图 41　高体鳑鲏（奥森 IBE 版权所有）

图 42　青鳉（奥森 IBE 版权所有）

图43　改建后的清洋河（摄于 2009 年 10 月）

图44　改建后的洼里湖照片（摄于 2009 年 10 月）

图45 北京奥森公园人工湿地形成适合鱼类栖息的生境（摄于2009年11月）

图46 在北京奥森公园人工湿地上飞舞的白鹭（摄于2008年06月）

国际奖项

2011 年 6 月荣获欧洲建筑艺术中心绿色优秀设计奖（Green Good Design）

2009 年 8 月荣获国际风景园林师联合会亚太地区（IFLA-APR）风景园林设计类的主席奖（一等奖）

2009 年 3 月荣获美国风景园林师会（ASLA）综合设计类荣誉奖

2008 年 2 月荣获国际风景园林师联合会亚太地区（IFLA-APR）风景园林规划类主席奖（一等奖）

2007 年 3 月荣获意大利托萨罗伦佐（Torsanlorenzo）地域改造景观设计类一等奖

美国风景园林师联合会 2009 年评委会评语

"这个项目为了奥运而设，却是未来的公园，在纪念性的尺度上创作对景观设计师是难得的机会，北京清华城市规划设计研究院把握机遇，奥林匹克森林公园对北京的改变将等同于中央公园对纽约的意义。"

国际风景园林师联合会 2008 年评委会评语

"北京奥林匹克林公园是 21 世纪显著成就之一，是在大都市中完全人工建造的大型城市公园，其大胆的、富有挑战性的风景园林规划设计成为耀眼的亮点。"

国内奖项

2011 年 10 月荣获风景园林学会首届优秀规划设计奖一等奖

2009 年 4 月荣获 2007 年度全国优秀城乡规划设计项目城市规划类一等奖

2009 年 3 月荣获北京市奥运工程绿荫奖一等奖

2009 年 3 月荣获北京市奥运工程落实"绿色奥运、科技奥运、人文奥运"理念突出贡献奖

2009 年 3 月荣获北京市奥运工程优秀规划设计奖

2009 年 3 月"北京奥林匹克森林公园景观水系水质保障综合技术与示范项目"荣获北京市奥运工程科技创新特别奖

2009 年 3 月"北京奥林匹克森林公园建筑废物处理及资源化利用研究项目"荣获北京市奥运工程科技创新特别奖

2009 年 2 月荣获北京市奥运工程落实三大理念优秀勘察设计奖

2008 年 12 月荣获北京市奥运工程规划勘查设计与测绘行业综合成果奖、先进集体奖、优秀团队奖

2007 年 12 月荣获北京市第十三届优秀工程设计奖规划类一等奖

2003 年 11 月荣获北京奥林匹克森林公园及中心区景观设计方案国际招标优秀奖

参考文献

[1]. 朱莉娅·克泽尼雅克，乔治·哈格里夫斯著. 张晶译. 大型公园 [M]. 大连：大连理工大学出版社，2013.
[2]. 北京市水利规划设计研究院. 北京奥林匹克公园水系及雨洪利用系统研究、设计与示范 [M]. 北京：中国水利水电出版社，2009.

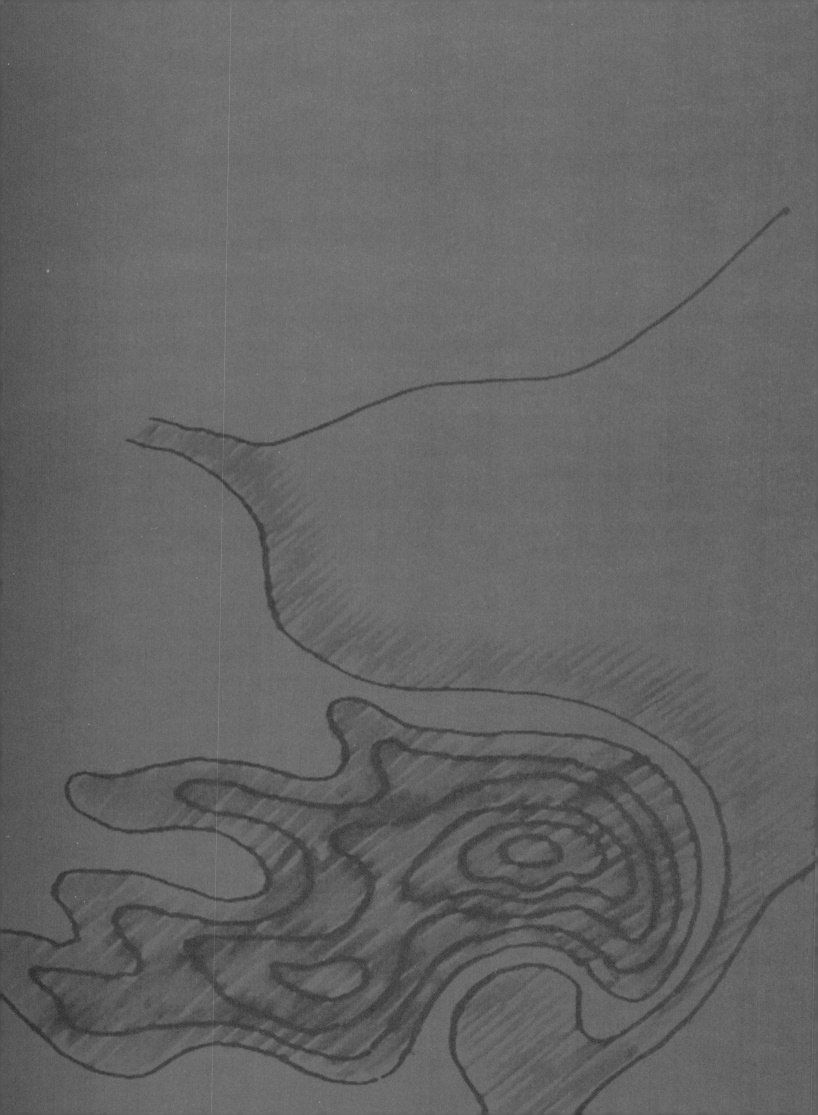

城市水系景观
规划设计

北京古代城市水系研究

韩毅

北京古城是在永定河冲积平原上发展起来
的，其建城位置基本没变。北京城的西北可依
群山之险，南可凭永定河之隔，易守难攻；坐
拥沃野千里，东有港口，水陆交通发达，支撑
京畿地区庞大人口的基础条件优越（图1）。
从北宋开始，中国北方游牧民族国家逐渐强
大，北方地区逐渐由契丹、蒙古、满族等民族
统治，出于一统江山的目的，北方游牧民族的
统治中心逐渐向南移动，从辽代太宗会同元年
（938年）在北京建立陪都南京之后，历经金元
明清四代，北京大部分时间都是中国北方地区
和全国的政治中心，其城市建设经过历代帝王
的精心经营，到清代达到了最高峰。

1 金中都水系概况

金代海陵王所建的金中都，是在辽南京城
的基础上向东扩建而成，城市建于永定河北岸
高程40~50m的台地上，距离卢沟桥大约有
15km的距离（图2）。金中都城市水源有3个。
第一个是位于城市西部的西湖（今天的北京西
站旁的莲花池），在郦道元所著的《水经注》
中曾经提到这个西湖，"湖东西二里，南北三
里，盖燕之旧池也。绿水澄澹，川亭望远，亦

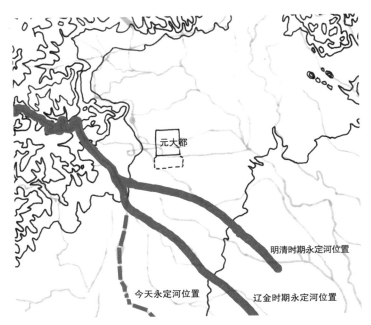

图1 辽金时期、明清时期永定河的位置

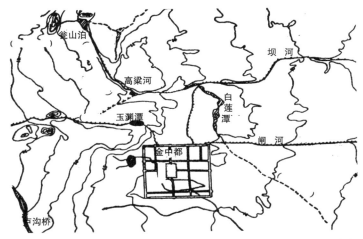

图2 金中都城市水系平面图（图片来源：侯仁之，《北京城的生命印记》，2009年）

为游瞩之圣所也"，可见在北魏蓟城之时，西湖就已是近郊的风景名胜区了。从西湖向东流出的河道古称洗马沟，是今天北京城南凉水河的上游，是南城的主要排污渠道。洗马沟从金中都的西墙进入内城，起到输水的作用，在宫城的西侧有一皇家园林，称为"同乐园"，建有"太液池"一处，今天仍有保护遗址。另外两个城市水源位于北部，一个是玉渊潭，一个是人工开挖的高粱河西河，通过北护城河进入闸河，满足城市漕运河道补水的需求。金王朝的皇帝在城市东北郊，将高粱河拦截，引水蓄成湖泊（原来称为白莲潭），建成离宫别苑，称为"太宁宫"，这片水域就是后来明清北京城内前三海和故宫西苑三海[1]（图3～图8）。

图3　永定桥上的老石板路（摄于2013年04月）

图4　北京城南凉水河（摄于2013年05月）

图5　北京莲花池公园（摄于2013年05月）

图6　金中都水门遗址（网络照片）

图7　金中都太液池遗址（摄于2013年05月）

图8　北京玉渊潭公园（摄于2013年05月）

2 元大都水系概况

到 1272 年忽必烈定都北京（元大都）时，北京城市规模翻了数倍，需要寻找更多的水源满足漕运、园林、冲污和城防等方面的需求。于是就有了著名的郭守敬开白浮泉，收集西山诸泉水进入京城的著名引水工程。北京城西北郊的万寿山下的翁山泊成为城市上游的主要引水调蓄湖，翁山泊周围山水秀丽，从元代开始就有了小型皇家离宫的建设。在城市内部有坝河和通惠河（原闸河）两条漕运河道，所有货运船只都停泊在积水潭，元代称为海子，是原来高粱河蓄积而成的湖泊，史上有"舳舻蔽水"的诗文记载了当时水上运输之盛况。在宫城之内，金代修建的太宁宫及部分水域被改建为后三海，成为皇家宫苑园林的重要组成部分[1]（图 9 ~ 图 11）。

3 明清北京古城水系概况

明代北京城在元大都的基础上减少了北城的面积，北城墙南移约 3km 至元大都坝河的位置，南墙向南移动了近 200m。但是城市水系基本没有变化，宫城内重新修建了紫禁城，新增了筒子河和金水河等禁宫内的水系，这个紫禁城一直延续到今天（图 12 ~ 图 17）。

清代以明北京城为内城，主要供满族的贵族居住。在内城的基础上又加建了南城，供其他民族使用，这样就形成了今天北京古城的轮廓。清代的南城由于烧窑取土，在靠近南墙的部分形成了一些湖泊，渐渐成为城市里的郊野公园，乾隆皇帝也曾经赋诗赞赏。这些烧窑的坑塘是今天北京南城的龙潭湖公园、陶然亭公园的前身[2]。

图 9　未经改造的高粱河示意图（图片来源：侯仁之，《北京城的生命印记》，2009 年）

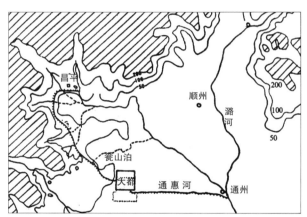

图 10　元白浮泉渠道图（与今天的京密引水渠非常接近）（图片来源：侯仁之，《北京城的生命印记》，2009 年）

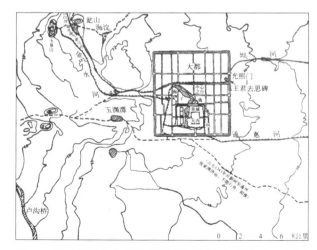

图 11　元大都城市水系平面图（图片来源：侯仁之，《北京城的生命印记》，2009 年）

图 12　玉泉山及山脚下的排洪沟（摄于 2013 年 07 月）

图 13　颐和园昆明湖鸟瞰（摄于 2009 年 10 月）

图 14　玉泉山下的北旱河（摄于 2013 年 06 月）

图 15　圆明园水系上的画舫游（摄于 2013 年 07 月）

图 16　御河的码头（摄于 2013 年 07 月）

图 17　2013 年挖开的转河（摄于 2013 年 07 月）

清代北京城市水系建设重点从内城转移到西北郊的"三山五园"，这一地区以皇家的行宫别苑万寿山清漪园（今天的颐和园）、香山静宜园、玉泉山静明园、圆明园、畅春园等五个大型园林为核心，周边聚集了寺观、军营、村庄、集镇和仓储等相关的人居功能，有学者称北京西北郊和古城构成了独特的"双城格局"。清代重视西北郊的水系建设，主要原因不仅是要建设皇家行宫，还有一点是加强调蓄和引水工程，保证通惠河漕运用水。由于元代传下来的白浮泉引水渠经常毁于山洪，因此，清代开始在玉泉山及香山脚下收集泉水，这些泉水通过昆明湖调蓄，再进入今天的御河，进入京城后再由后海分流引入通惠河（图18 ~ 图21）。

清代北京内城军事防护河道有护城河、筒子河等河渠，两者兼具蓄水、排水和水上运输的功能。城市内部还有大明沟、玉河、东沟三条主要的纵向排水明渠，兼具输水和景观游憩功能。在宫城内部有西苑三海，统称为"太液池"，是中国古代宫苑规划的标准园林游憩水域配置。在宫城外的什刹海、积水潭以及西北城外的苇沟前身是元大都的"海子"，起到

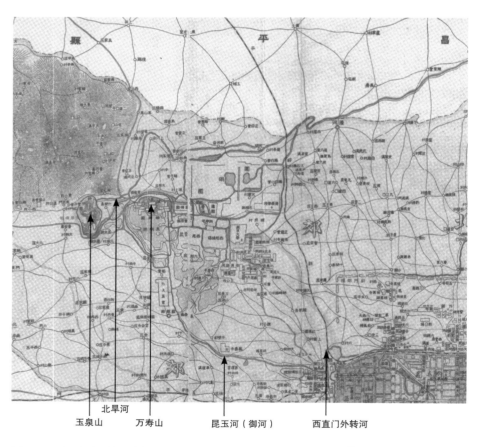

图18　三山五园区域河道水系平面图（图片来源：《北京古地图集》[3]，中国图书馆，2010年）

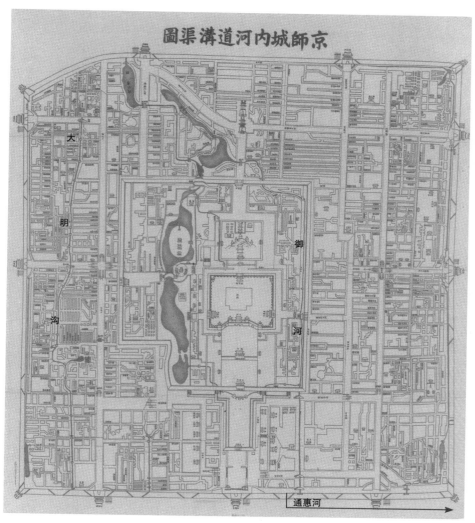

图19　清代北京内城沟渠图（图片来源：《北京古地图集》，中国图书馆，2010 年）

图20　八国联军进京时随军记者拍的古城墙照片（网络图片）

图21　北京故宫与北海公园（摄于 2009 年 10 月）（196 ~ 197 页图）

漕运转运站的功能，同时也是普通市民休闲娱乐的公共水域。

北京古城的防洪涝能力得到当代学者的高度赞誉。根据吴庆洲的研究[4]，紫禁城筒子河是紫禁城专用的防御性调蓄河道，其蓄水量达118.56 万 m³，在降水量达到 225mm、径流系数为 0.9 的情况之下，筒子河的水位仅上升 1m，在从永乐十八年（1420 年）开始，紫禁城近 600 多年的使用过程中，一直没有雨涝记录，是中国工程技术史上的一项奇迹。另外，北京古城内部的水域及水网密度对北京古城的抗涝能力有很大帮助。经计算，整个城市水系蓄水量达 1935.29 万 m³，行洪河道的水网密度达 8.3km/km²，甚至超过了宋代苏州的水网密度（5.8km/km²），在清政府的精心管理之下，北京作为都城的 267 年间，北京城内仅发生雨涝记录为 5 次，平均 53 年一次。这一成就非常值得今天的城市学习。

4 小结

远古有华夏先祖大禹治水，其视野宏阔，跨越流域进行"疏川导滞"，通过治水工程奠定了华夏多民族大一统国家的基础；先秦有李冰治水都江堰，工程历时两千多年仍在运行，其借助河滩自然地形"无坝引水"、"三七分水"的渠首设计，不仅没有破坏岷江的自然水文情势，还为成都平原水运及灌溉提供了稳定的水源，使成都获得了"天府之国"的称谓。北京古代城市的水系规划与大禹、李冰等远古治水文化一脉相承，延续了中国"天人合一"的哲学思想，传承了华夏先人的生态智慧，它不仅在美学上成为中国古代都城建设巅峰之作的重要元素，而且在军事、运输、消防、防涝等功能上支撑了近 870 年的都城经济和社会发展。在当代北京城市面临各种水生态问题的时候，回头再学习中国古城水系建设的经验，对今天城市水问题的解决会有所启发。

参考文献

[1] 侯仁之. 北京城的生命印记 [M]. 北京：生活·读书·新知三联书店，2009.
[2] 王同桢. 水乡北京 [M]. 北京：团结出版社，2004.
[3] 中国国家图书馆. 北京古地图集 .[M]. 北京：测绘出版社，2010.
[4] 吴庆洲. 中国古城防洪研究 [M]. 北京：中国建筑工业出版社，2009.

铁岭凡河新城水系景观规划设计

图1 铁岭新城与老城的位置关系图

时间：2006 ~ 2010 年

地点：辽宁省铁岭市

面积：30km²

项目背景

根据沈阳与铁岭同城化的发展要求，铁岭市准备建设新城。针对如何规划铁岭市的景观风貌和新城选址问题，总体规划编制单位进行了深入的研究。在编制 2006 ~ 2020 年总体规划时，进行了一份问卷调查。向市民发放问卷 300 份，回收有效问卷 288 份，不同社会阶层和不同职业各占一定比例，较有代表性，76% 的被调查对象在 30 岁与 50 岁之间。调研的结果是市民对"园林"、"山水"的认知程度很高，说明铁岭市民对生态环境品质，对休闲娱乐及身心健康的重视程度已经超过以往的"商业中心、高楼大厦和宽阔马路"等城市生活追求。

铁岭老城建设在龙首山的阳坡上，柴河在城北绕城而过。从传统上看，当地人认为铁岭老城区是个山城。因此，新城的规划希望充分利用铁岭市丰沛的水资源，营造"北方湿地之城"，作足水文章，使铁岭成为山水景观兼具的城市（图1）。于是就选择了凡河北岸建设新城，这里在中华人民共和国成立前是一大片天然湿地，开有大片野生莲花，是铁岭古八景之一"鸳鸯泛月"的所在地。

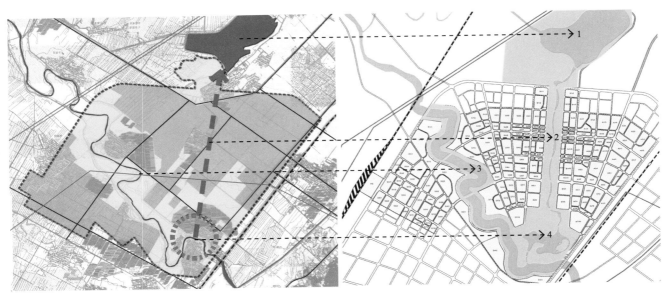

图 2　铁岭凡河新城建设前用地分析图　　　　　图 3　铁岭凡河新城景观水系规划图

规划要点

凡河新城的水系景观结构是"两湖一轴一廊"，两湖是现状的莲花湖水库和新开挖的文化及行政中心区的如意湖；一轴是天水河城市商业与文化休闲景观轴；一廊是凡河生态廊道（图2、图3）。形成四个重点水景观工程：

（1）莲花湖国家湿地公园。改造半废弃水库，拦截污水建人工净化湿地，控制入湖水质；扩湖筑堤，堆筑鸟岛和凤冠山绿地，为165种鸟类营造栖息环境；为铁岭市营造一个与龙首山齐名的风景区。

（2）建设天水河引水渠。从凡河引水进入莲花湖，穿过城市的中轴线，形成200m宽绿化廊道，内设休闲服务设施，规划天水河宽度33～66m，水深1.5m。

（3）凡河生态廊道。首先对河道进行加宽，提高河流的过洪能力，河床宽度由现状的50m改为200m；其次，改变过铁路桥后河段的走向，为如意湖景观核心区建设提供空间。

（4）营造城市景观核心区——如意湖地块。如意湖是城市水中轴最南端的重要节点，水景观与行政中心、星级酒店、会展中心等建筑进行了整体规划设计。

城市总体规划在景观格局上用足了心思，最终确定了"两条碧水穿城过，十里湖山尽入城"的山水城市格局。两条碧水是指凡河和柴河，湖是指莲花湖国家湿地公园，山是指老城的龙首山和新城东部的群山。

1 场地现状

铁岭市凡河新城选址在凡河与辽河的交汇处，地势东南高西北低（图4）。新城规划用地内水系由凡河、莲花湖水库、周边湿地以及来自老城区的贺家排干构成。新城水系建设需要解决三个问题：第一，地下水位很高（本项目地下水位在地面 1m 以下），容易出现内涝；第二，在防洪方面，凡河的防洪标准很低，不足 15 年一遇，堤防年久失修；第三，贺家排干汇水面积 46km²，从凡河新城与莲花湖之间通过，部分来自老城区方向的生活污水和雨洪水经贺家排干进入莲花湖水库。

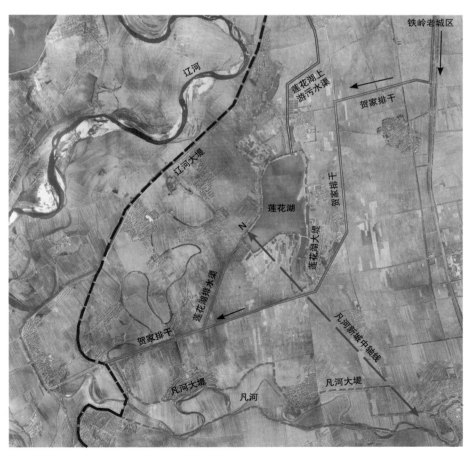

图 4　铁岭凡河新城建设选址处卫星照片

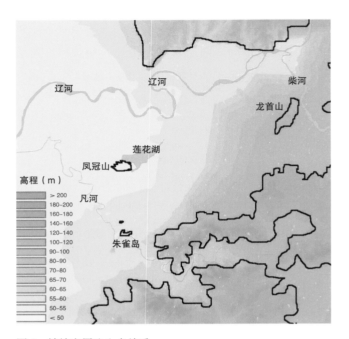

图5 铁岭市周边山水关系

图6 在总规阶段形成的水中轴示意图

2 水系景观总体规划

铁岭市是辽河流出长白山余脉后的第一个城市。铁岭老城倚靠龙首山而建，柴河在城市的北部注入辽河。城市向西南发展，与沈阳靠近，是经济和空间上发展的必然选择（图5）。

铁岭市政府高度重视生态文明建设，首先申报了46km²的莲花湖国家湿地公园，继而决定连通凡河与莲花湖，解决莲花湖湿地缺水的问题，同时形成城市内的水景中轴线（图6）。

铁岭市位于东亚鸟类迁徙线路上，而且靠近长白山，物种丰富。考虑到动物在山水之间迁徙的需求，将天水河连通渠两侧绿地留宽为200m，凡河绿地留宽约500m（图7）。

东部山区和北部莲花湖湿地将成为凡河新城的氧源绿地，天水河与凡

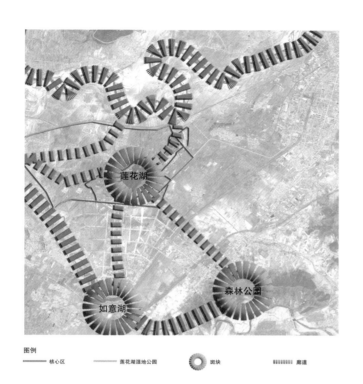

图例 ——— 核心区 ——— 莲花湖湿地公园 ⊙ 斑块 ▦▦▦ 廊道

图 7 新城生态网络结构分析

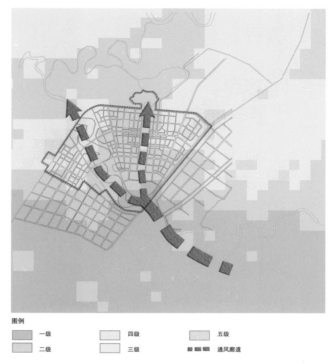

图例 ▦ 一级 □ 四级 □ 五级 ▦ 二级 □ 三级 ▦▦▦ 通风廊道

图 8 城市通风换气分析图

河是城市通风换气的通道，可降低城市温度，缓解城市热岛效应。凡河新城西南临凡河，东南侧紧靠京哈高速及京哈铁路，北侧与莲花湖国家湿地公园相邻，用地边界形成了一个两端有切角的倒三角形，很像"钻石"的形状，这是凡河新城形态的一大特色（图 8）。

新城的地形东南高西北低，凡河与京哈高速交叉的地方地势最高，建设前是大凡河村所在地。这里离东山较近，拥有最佳的山水环境条件，因此将新城的行政与文化中心选择在这个位置。在总规阶段，确定在凡河与莲花湖之间建设一条连通渠，为莲花湖湿地公园供水，这条引水渠在"钻石"形城市用地的中部穿过，其南端在行政中心区开挖一个人工湖，命名为如意湖，绕过新区北部堆筑的凤冠山之后，天水河流入莲花湖水库。凤冠山和老城区的龙首山遥相呼应，蕴含"龙凤呈祥"之美意（图 9）。

图 9　铁岭凡河新城水系景观规划总平面图

3 凡河生态廊道

凡河流域面积为 1289km²，百年一遇的洪水流量为 2390m³/s，上游建有榛子岭水库，是铁岭市的水源地之一。在枯水期，凡河的径流量能达到 5m³/s，平水期流量接近 30m³/s，两岸污染程度低，凡河的水质达到地表Ⅲ类水标准（图 10）。

规划后的河道用地宽度达到 500m，其中主河床宽 220m，两侧绿地共 140m，坡度为 1:10，两条堤顶路用地 20m 宽，堤外防护绿带宽共 120m。主河床深 5m。主河床过洪断面面积达 1100m²，足够通过百年一遇的洪水。

为满足向莲花湖供水的要求，在规划如意湖南侧的河段修筑橡胶坝，蓄满水后可通过重力自然流，进入如意湖和天水河，最后流入莲花湖。为了如意湖地块的整体设计需要，水利部门调整了如意湖地块内的凡河河道走向。在主河床外的绿地是滨河游憩绿地，修建了连续的人行步道，可以和城市道路连接，形成了城市滨河慢行道的基本骨架。同时种植了云冷杉、油松和垂柳等多种乔灌木，在凡河两岸形成即可观景游憩，又可稳定护岸的防护林带（图 11 ~ 图 13）。

图 10　新城建设前京哈铁路桥下的凡河河道（摄于 2006 年 09 月）

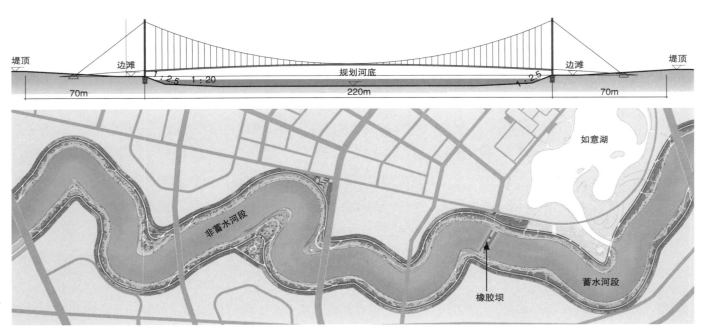

图11 凡河景观规划平面图和标准剖面图

图12 凡河汛期涨满水时的景色（铁岭市规划局供稿，摄于 2010 年 07 月）

图 13　凡河生态廊道鸟瞰

4 城市"水中轴"的整体规划

　　铁岭凡河新城的中轴线不是以道路
或建筑序列为轴，而是以水为轴来组织城
市空间，由政府、水利、城市规划、风景
园林、市政、交通、开发商及其他业主单
位共同设计完成。在总规阶段的城市水系
形态设计过程中，明确了水中轴这一重要
的城市景观结构定位，初步划出了中轴水
系蓝线的宽度、面积，并确定了河湖的名
字。对如意湖周边的地块功能也给了指导
意见，其中如意湖北岸的两个紫色地块是
铁岭市政府用地和铁岭县政府用地，被天
水河在中间分开（图 14 ～图 18）。

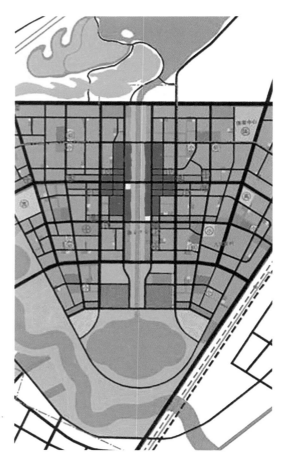

图 14　总规阶段水系形态

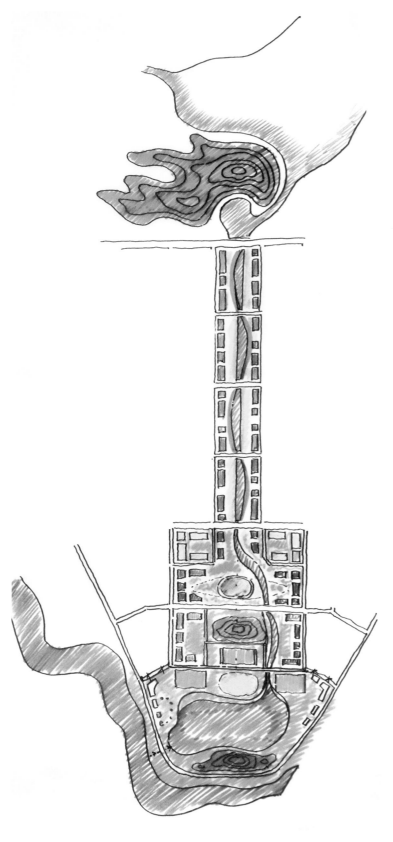

图 15　中轴景观形态草稿

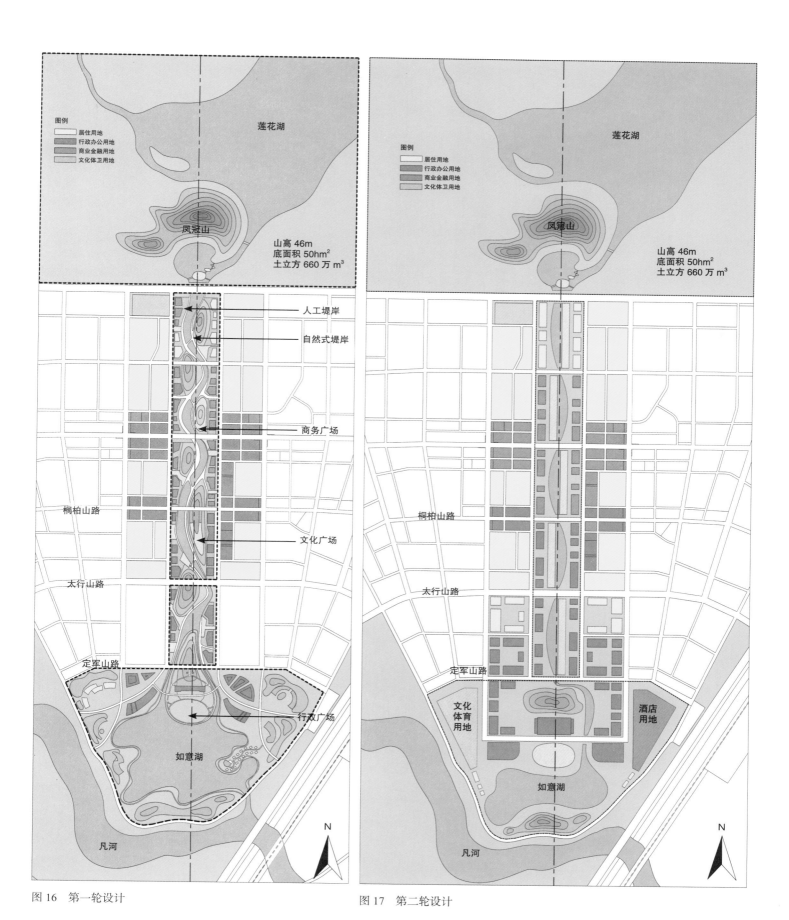

图例
居住用地
行政办公用地
商业金融用地
文化体卫用地

莲花湖

凤冠山

山高 46m
底面积 50hm²
土立方 660 万 m³

人工堤岸
自然式堤岸
商务广场

桐柏山路

文化广场

太行山路

定军山路

行政广场

如意湖

凡河

N

图 16　第一轮设计

图例
居住用地
行政办公用地
商业金融用地
文化体卫用地

莲花湖

凤冠山

山高 46m
底面积 50hm²
土立方 660 万 m³

桐柏山路

太行山路

定军山路

文化
体育
用地

酒店
用地

如意湖

凡河

N

图 17　第二轮设计

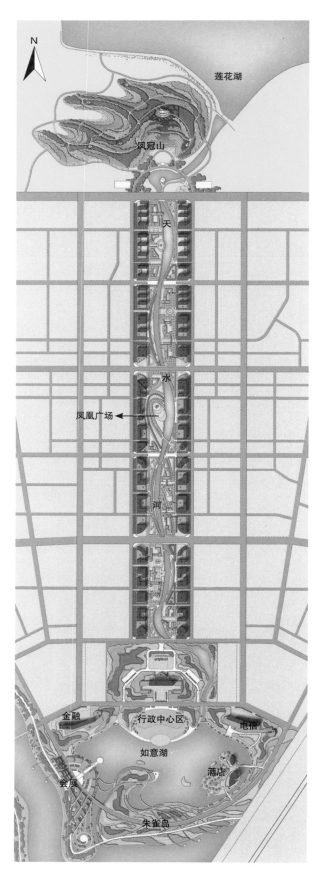

莲花湖

凤冠山

天

水

凤凰广场 ←

河

金融　　行政中心区　　电信

如意湖

会展　　　　　　　酒店

朱雀岛

图18　规划阶段城市中轴线景观规划平面图

后经多轮多专业的反复推敲，"城市水中轴"的形态最终确定了下来。天水河变成了弯转飘逸的曲线，如意湖的形态设计得更加灵动，将会展、办公、旅游接待等功能艺术化地融入凡河及如意湖的滨水空间当中；从市政府与县政府的上下级关系的角度考虑，行政中心用地不再分成市县并列的两块用地，而是将市县政府用地集约到一块用地，最后由建筑师设计成一个"品"字形布局的建筑群，主楼是市政府办公，两侧是政协和县政府的办公区。

　　在水中轴的北部是人工堆砌的土山，命名为凤冠山，是城市与莲花湖湿地之间的绿化隔离带，成为凡河新城的"靠山"（图19）。

图19　凤冠山鸟瞰效果图

5 如意湖地块景观规划

如意湖地块是整个中轴线上最重要的区域。原来总规当中画出的 1km² 的如意湖水域面积，最终变成了 48hm²，省出来的用地上加建了会展和旅游服务设施。原来城市设计阶段的市政府、县政府和政协三个分开的成品字形独立的地块，经建筑设计单位建议合并在一起，建筑群体的布局仍为品字形，而且通过高度差距分清主次秩序。在如意湖北岸的两个肩部位置，仍然布置了两组办公建筑，一个是电信办公楼，一个是银行系统的办公楼。在凡河转弯处形成的半岛上，规划了高度约 150m 的国际会议中心，是如意湖地块的标志建筑（图 20）。

在对如意湖地块的水形态设计中，可以清晰地看出中国传统风水文化的影响。比如"前朱雀，后玄武"，"左青龙，右白虎"这种滋养生气的景观格局。如意湖的设计保存了中国古代宫苑园林"一池三山"的构图模式，最大的"岛"是头部伸入湖中的朱雀岛，怀抱旁边最小的翡翠岛，翡翠岛是为了保护现状树所留的岛，但在挖湖过程中老杨树被砍掉，就变成了一个芦苇岛。位于西侧靠近湖岸的岛叫如意岛，岛上拟建一座五星级酒店。

钻石广场是位于政府前的湖滨市民文化广场。广场的名称和铺装纹样创意来自新城独特的钻石形城市轮廓。"钻石"纹样铺装采用规则式冰裂纹图案，最小的单元由 18 块不规则的石板构成，最大的单元由黑色石条加灯光带构成，从办公楼的高处可以看到大块的冰裂纹图案，站在广场上可以看到小型的冰裂纹图案，每个冰裂纹缝隙的宽度是 5mm，由专用的切割器现场切割而成（图 21）。这种铺装方式可以解决东北地区冰雪融化之后在广场上积薄冰导致的防滑问题。

总之，在如意湖详细设计阶段，建筑与风景园林专业进行了更为深入的配合，使如意湖地块的土地使用效率、城市空间的韵律美得以实现，风景园林规划的意图最终得到完整实现（图 22）。

图 20　如意湖地块景观规划总鸟瞰图

图 21　从行政中心向南望如意湖、凡河和东部群山（铁岭市规划局供稿，摄于 2010 年 07 月）

图 22　建设基本完成后的如意湖地块鸟瞰（铁岭市规划局供稿，摄于 2010 年 07 月）

6 天水河商业与休闲绿地规划

　　天水河是人工输水渠道，同时也是从凡河到莲花湖旅游的水上游览通道。由于新区建设在辽河洪泛平原之内，地形非常平坦。因此，尽管天水河总长超过 6km，但是从凡河引水口到莲花湖进水口位置的水位可以保持相同的 55.0m 的高程，满足水上航行的条件。天水河的宽度最窄 33m，最宽 66m，通常在桥下河道宽度最窄，这样可以减少架桥的造价。而 33m 宽的航道，也足够两条游船对向通过。在 66m 宽的河段设码头，这样临时停靠的游船就不会影响到主航线上船只的航行（图 23 ～图 28）。

　　由于有良好的排污控制，并且全年可以得到地下水的补充，再加上水生态建设和适度人工干预，可使天水河的水质保持在景观用水的标准。在天水河两岸的居住区规划可以向水利部门申请景观用水。图 29 是最先开盘的浅水湾一号居住区内的水景观照片，居住区内的中心湖泊可以与天水河直接通航。

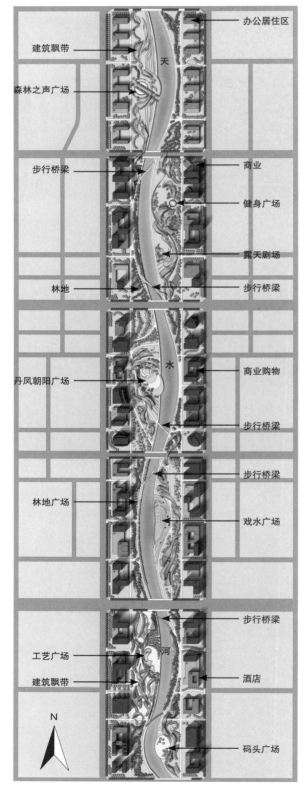

图 23　天水河景观规划总平面图

图 24　天水河建成照片（摄于 2017 年 09 月）

图 25　天水河边的漫步道（摄于 2017 年 09 月）

图 26　在快艇上畅游天水河（摄于 2017 年 09 月）

图 27　最先开盘的浅水湾一号可与天水河直接通航（铁岭市规划局，摄于 2010 年 07 月）

图 28　天水河上的桥景（摄于 2017 年 09 月）

图 29　浅水湾一号内的水景观（铁岭市规划局，摄于 2009 年 09 月）

7 水中轴的水质保证

　　城市雨水规划确定不在城区景观河道内设雨水口，对减少河道的污染非常有帮助。新城雨水规划在城市北部利用现状贺家排干在新城的渠段，将其上盖板，使其成为新城专用的排水干管，所有城市道路上的雨水全部进入贺家排干（图30）。然后经泵站提升至污水厂后再排入莲花湖湿地公园或凡河下游。原来来自老城区的部分雨洪水转道进入莲花湖湿地进行净化。凡河–天水河–莲花湖湿地通过一套闸坝系统进行控制：在凡河上建设橡胶坝，将凡河局部蓄水到55.5m，莲花湖的景观规划常水位是54.0m，这样利用1m的落差使河水通过天水河流入莲花湖内（图31～图33），一旦莲花湖出现大面积水华，可以从凡河调入清水冲污。

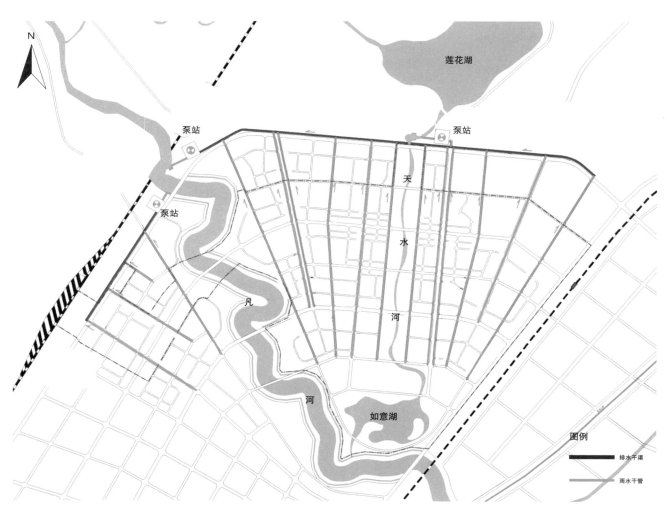

图30　凡河新区市政雨水规划图

图 31　中轴线非汛期水循环示意图（非汛期需要在凡河引水）

图 32　中轴线汛期水循环示意图（汛期关闭如意湖闸门以满足防洪要求。天水河靠雨水和地下水补充）

图 33　天水河入莲花湖景区的小码头（铁岭市规划局供稿，摄于 2010 年 01 月）

8　小结

　　铁岭市是水资源丰沛的北方小城，不用担心城市水系建设的水量和水质问题。凡河新城水系的景观规划几乎是在一张白纸上作画，也没有难度很大的拆迁改造或复杂的地下管线迁改工作，风景园林师可以"尽情发挥"，能有这样的项目机会实属幸运。当地政府积极恢复湿地，在新城规划过程中保留充足的城市河渠水域面积，这一做法是对过去大量填埋湿地建设行为的纠正，新城建设后经历过几场大雨的考验，尽管地势低洼，但是城市并没有出现涝害。目前，凡河新城的城市人口已经达到 10 万人左右，莲花湖、如意湖和天水河成为市民休闲生活的热点区域，并且发展成为沈北地区闻名的旅游景点，天水河还成为全国钓鱼协会指定的城市内河垂钓比赛场地 (图 34)。

项目获奖情况

国际奖项
2008 年 2 月荣获辽宁省优秀工程勘察设计一等奖

图 34　2017 年拍摄的铁岭凡河新城卫星照片

唐山市水系及丰南区水系景观规划设计

时间：2006 ~ 2010 年

地点：河北省唐山市

面积：260km²

项目背景

唐山市在 1976 年大地震之后，整个城市被夷为平地。其城市发展经历了震后重建、恢复基本生活的阶段，在 1980 年代之后，唐山市进入快速城镇化发展阶段，以煤炭工业为龙头的第二产业带动发展。按照"先生产，后生活"的思路，大批简易而密集的住宅区围绕工厂和商业中心建立起来，而对城市绿地的总量和布局，以及城市水系的生态环境保护不够重视。进入到 21 世纪之后，伴随着煤炭化工产业的衰落，城镇化发展动力不足，唐山市政府需要调整产业结构。2008 年，唐山市修订城市总体规划将城市发展主导方向调整为向南与滨海新区曹妃甸靠近，同时决定改造中心城区生态环境，以利吸引高端产业和人群进入。唐山市环城水系的规划就是城市生态环境改造工作中最大的手笔，总体规划由唐山市规划局和水务局协同领导，我院北京清华同衡规划设计研究院有幸参与水系相关的重要节点和滨水开发用地的规划设计工作。并在 2010 年完成了唐山南湖、丰南新城水系的景观规划工作，从这些项目的规划工作中，看到了在城市更新与城市生态修复工作中水系建设的重要性（图 1 ~图 5）。

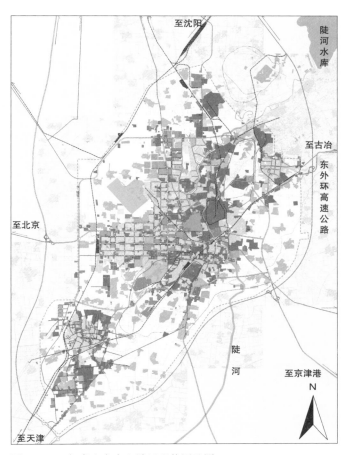

图 1 2008 年唐山市中心城区现状用地图

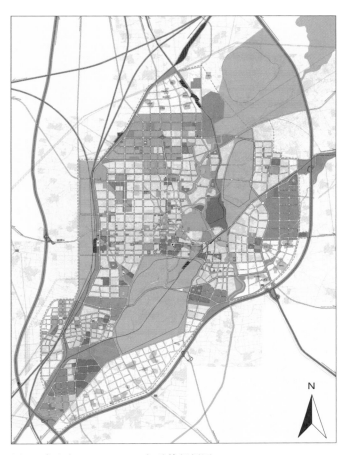

图 2 唐山市 2008 ~ 2020 年总体规划图

图例

一类居住用地	其他公共设施用地	广场用地	供电用地	消防设施用地
二类居住用地	市场用地	对外交通用地	加油站	公共绿地
行政办公用地	一类工业用地	铁路用地	邮电设施用地	郊野公园
商业金融用地	二类工业用地	长途客运站	供燃气用地	园林生产绿地
文化娱乐用地	三类工业用地	市政设施用地	供热用地	特殊用地
体育用地	仓储用地	供水用地	交通设施用地	河流水系
医疗卫生用地	危险品仓库用地	雨污水处理用地	货物交通中心	规划核定采煤波及线
教育科研用地	道路用地	粪便垃圾处理	殡葬设施用地	开滦矿务局2001采煤波及线

图 3 震后快速建设的排排房（网络图片）

图 4 采煤塌陷区的煤矸石堆（摄于 2008 年 11 月）

图 5 李各庄附近的严重内涝（网络图片）

图6 2008年唐山市中心城区现状水系图

图7 唐山市中心城区环形水系规划图

规划要点

为优化老城区环境，拉动南湖生态城的建设，唐山市规划了环城水系，水系建设主要包括六个方面内容（图6、图7）：

（1）南湖采煤塌陷区生态修复及南湖公园的水系建设。

（2）建设城北连通渠，拦蓄北部城区雨水，将西北部污水厂再生水引入陡河，亦可从陡河引

水进城满足景观需求。

（3）建设城南连通渠，从陡河引水进入南湖公园水系。

（4）建设城西连通渠，拦蓄城市西北部的雨水，引入青龙河，最终汇入南湖公园水系。

（5）建设丰南连通渠，为丰南新区水系引水，提高丰南新区的蓄排涝能力。

（6）将四个污水处理厂的污水经人工湿地净化后引入河道，作为城市水系的补给水源。

1 陡河生态修复的必要性

陡河是唐山的母亲河，发源于唐山市北部大嘴山、城山，中心城区以上陡河的流域面积为 1340km²，森林覆盖率仅为 19.5%，山体基岩裸露，在汛期易形成洪水。于 1957 年在凤山（海拔 200 多米）处修建一陡河水库，成为城区主要水源地，并遏制了多发洪水的陡河。河流由东北部流入市区，蜿蜒曲折地在城市中部流过，河道深度 5~6m，由于水资源不足，陡河内的水流量很少，河床淤积严重，过洪能力降低，经常导致滨河低洼地带的内涝。由于地震和采煤业的影响，陡河两岸塌陷严重，工业污水排放导致河内污水四溢。陡河两岸的城市风貌也以老旧的平房区和水泥与煤炭业的工业建筑为主，缺乏生活性岸线。

2 新规划城市水系重点工程简介

唐山市环形水系规划的目的是为了改善环境，提升城市抗洪防涝能力，促进城市土地价值的提升。水系规划工作包括现状河湖湿地的连通、城市慢行系统规划和近期更新的 12 处地块的风景园林规划。

2.1 北部和西侧的连通水渠

在唐山市北部龙华东道北侧开挖水渠，起点是李各庄河入陡河口，水渠西行至城市西侧，经青龙河公园南折沿站前路绿带南行，与西北—东南向的青龙河河道相连。长度 12km，宽度 30m，深 5m，蓄水量接近 180 万 m³，水渠设有控制水位的闸门，局部区段可通航。该水渠的一个主要功能是减少汛期排入陡河的雨水量，提高城市内部绿地蓄涝能力。其景观用水水源为西北部规划污水厂的中水和陡河河水，在陡河河道上设一座拦水闸门，可以将清水引入北部城区。在中心城区的西北角规划一污水厂，同时在临近地块建面积约 20hm² 的青龙湖，该湖可将污水厂的出水通过人工湿地进行净化（图 7）。

2.2 城南连通渠

起点位于唐山南环路陡河大桥南 150m 处，引水点地面高程为 11m，陡河河道内设橡胶坝，蓄水高程为 6.5m。水渠引水进入八号采煤塌陷坑，即南湖公园的 2 号水库，在 2 号水库可以通过泵站将水提升到现状小南湖公园内。该水渠长 6.8km，宽 40m，深 5m。水渠的主要功能是为煤河和煤运河输送水解决春季灌溉问题，水渠亦可在陡河汛期分洪，进入南湖塌陷区水体，将雨洪水蓄积起来，可以提高城市雨水的利用率（图 7）。

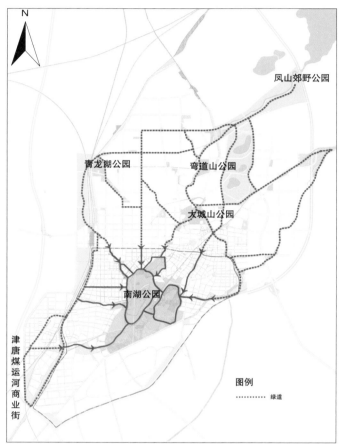
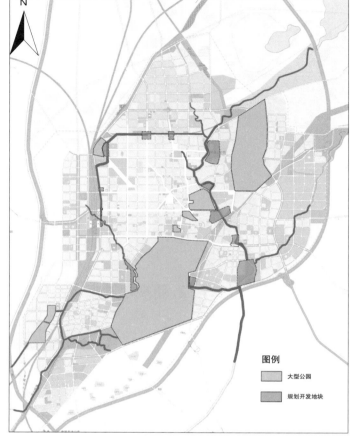

图8　城市水系将五大公园串联在一起，形成绿道网络　　　　图9　城市水系与周边开发地块

2.3　围绕大南湖生态核心规划城市慢行网络

新增加的人工连通水渠共18.8km，两岸绿带宽度达100m，城区陡河河段15km，青龙河6km。两岸绿带宽度100～200m不等。再加上南湖中央公园12km²的绿地面积，形成了串联城区多个组团的水环和绿廊。围绕水环绿道建设还拆改出了36处小的广场公园，同时环城水系还和五大城市公园相连（凤山郊野公园、大城山公园、弯道山公园、青龙湖公园、南湖公园），其中前三个为山体公园，这样在唐山城市内及近郊形成山、河、湖泊、池塘、水渠连缀在一起的慢行网络系统（图8）。

2.4　启动12处滨河地块的更新改造

沿着环形水系近期开发12处滨水地块（图9），包括老陶瓷厂、热电厂、水泥厂的搬迁改造，其中丰南新区的水系修复是最早完成的开发项目，其中重点项目是津塘运河商业街的修建，纪念一度十分繁荣的老煤运河，该项目已经建成，详见下文。

3 水系维护及建设经济性的问题

　　唐山市环城水系已经全线贯通（图10）。在庆祝之余，人们不禁要问一些问题，唐山市人均水资源占有量仅342m³，远低于全国平均2400m³的水平，作为一个缺水城市，环城水系的水资源量是否有保障？对唐山市工农业和生活用水会不会产生影响？渠道污染问题能治理得了吗？确实，唐

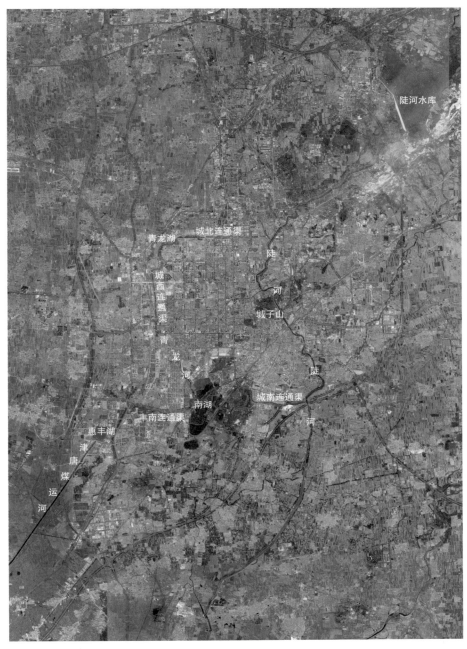

图10　2017年拍摄的唐山市中心城区卫星照片

山市是个缺水城市，国家花费大量资金，建设了引滦入唐等远程调水工程，来保证城市的生产生活用水。但还应看到，在唐山市区内也存在水资源浪费的情况，首先，部分老街区污水没有回收，直接排入河道，导致城区水质污染；其次，采煤疏干水任意流淌，没有进行利用管理；最后，唐山市的中水回用率还不到 50%。

据测算，环城水系总蓄水量为 1948 万 m³（其中南湖蓄水量为 1000 万 m³），年蒸发消耗和渗漏损失约为 1128 万 m³。如每年按补水一次考虑，需补水量为 3076 万 m³，如果考虑每年两次补水，需要水量 5024 万 m³。再考虑流动水量 864 万 m³，环城水系最低需水量为 3940 万 m³，最大需水量 5888 万 m³。而唐山市市区 4 座污水处理厂经过处理后的中水，每年直接进入陡河、青龙河的水量在 7228 万 m³，直接排入陡河的工矿企业排干水为 643.85 万 m³，再加上从上游水库调剂的 3000 万 m³ 用水指标，如果再加上城市及近郊在雨季收集的雨水以及通过水系渗透回补的地下水，完全能够满足环城水系的用水需求。

水质保证是另外一个市民关注的问题。保证水质的一个重要措施就是让水动起来，唐山地势北高南低，环城水系的新开河道在市区的最高点——龙华道与站前北路的交汇处（高程 28m），青龙河下游与李各庄河段高程 17m 左右，有 11m 的高差，通过输水管线把水调到青龙湖（位于城区西北角凤凰新城境内，占地 164 亩，集蓄水和景观功能于一体）。利用高差，青龙湖之水可沿新开河道向东、南自然流动，分别注入陡河、青龙河，而后顺流南下，这样环城水系的水就"活"起来了（图 11）。除了水体的流动之外，还需加强河道卫生的管理，禁止乱排乱放，随意向河道内倾倒垃圾。

4 丰南新区煤运河的重建

丰南新区是在南湖公园修建完成后第一个利用南湖公园水资源的周边城镇（图 12）。

丰南新区位于大南湖的西南部，地势略低，修建丰南连通渠引水进入市政绿廊，挖通市政绿廊内破碎的水面，形成湿地公园，即人民公园（图 13），再修两条横向的引水渠进入丰南新区，北侧引水渠进入一个人工湖，称为惠丰湖，惠丰湖西南向流入一人工水渠，名为津唐煤运河（图 14）。原丰南县是唐山煤炭工业发端的交通运输基地，由于火车运输不能抵达天

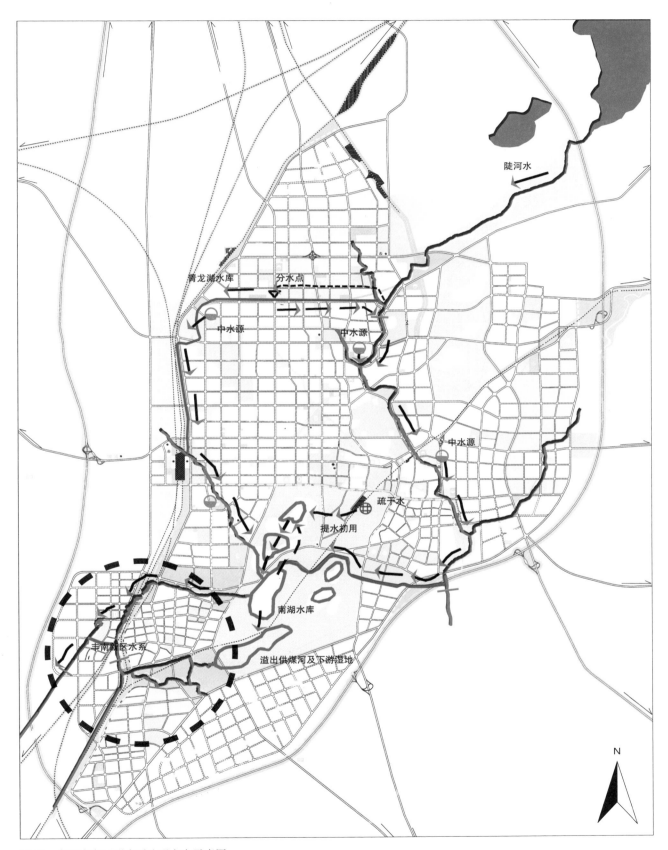

陡河水

青龙湖水库　　分水点

中水源　　　　　中水源

中水源

疏干水

提水初用

南湖水库

丰南新区水系

溢出供煤河及下游湿地

N

图11　唐山南湖环形水系流通方向示意图

1 兆丰山
2 行政中心
3 市民广场
4 惠丰湖
5 酒店
6 岛屿
7 明清商业街
8 津唐运河
9 人民公园
10 生态体验区

N

图 12　丰南新区的水系景观规划平面图

津港，在这里修建了运煤的运河，清末时这里一度曾经非常繁荣。

在唐山市 2008 ～ 2020 年总体规划中将丰南县纳入唐山市区。丰南区在已经废弃的津唐煤运河起点的位置规划了新区的行政中心，希望恢复历史水系，改善投资环境。旧的煤运河码头变成了今天的水上商业街，市民乘船可以直接进入大南湖公园，绿色生态的新生活开始在重建的煤运河两岸兴起。

丰南新区水系景观规划项目获奖情况

国际奖项

2012 年 12 月荣获英国景观行业协会国家景观奖国际项目金奖

2013 年 6 月荣获欧洲建筑艺术中心绿色优秀设计奖

国内奖项

2012 年 12 月荣获北京市第十六届优秀工程设计奖市政工程类一等奖

图13　丰南新区人民公园（摄于2012年05月）

图14　丰南新区惠丰湖与津唐煤运河（摄于2012年05月）

城市水系景观规划经验小结

1 城市水系存在的问题

我国当代城市水系问题众多，包括洪涝灾害加剧、河流湖泊生态系统严重退化、滨水区活力不足等等。从事城市水系景观规划需要对这些问题的成因有足够的认识。除自然因素外，导致城市水系问题的人为因素主要有以下三大方面：

1.1 水生态水安全方面

第一，水资源利用效率低，我国单方水 GDP 产出仅为世界平均水平的 1/3。用水效率低就会导致过度用水，进而影响城市水系生态用水。这一点是缺水地区治理河湖生态退化的首要因素。

第二，大型水利工程及河道上诸多拦河构筑物，改变了河流的自然水文情势，是导致河流内的物种数量及种类大幅度减少的主要原因之一。此外，大型水库对流域内整体的生态系统长期影响的危害性尚难以评估。

第三，污水处理率低，水污染治理难度大，使水污染成为城市水系生态健康的又一大障碍。

第四，城市建设裁弯取直天然河道，挤占河湖用地，减少了河湖的生物栖息地。

第五，乱捕乱猎也是导致天然河湖水生生物种群数量减少不可忽视的原因。

1.2 城市洪涝防治

第一，河流流域森林覆盖率低，水土流失严重，会降低平原地区城市河流行洪能力。

第二，城市建设挤压、填埋、硬化渠化河道，侵占了大量平原湿地，降低了城市河湖的行洪蓄涝能力。

第三，城市绿地欠缺分担城市水系的防洪涝压力的功能。

第四，"人事不修之积，非特天时之罪"[1]，这是柳宗元对水旱灾害的体会与反思。水利基础设施的建设和维护需要大量的资金人力投入和高效的管理机制。

1.3 城市水系经济衰退

第一，交通技术的发展使曾经南北通达的城市漕运系统作废，导致水系经济衰退，对城市水网密度降低和资金投入减少有很大影响。

第二，城市水系的游憩功能和景观价值没有得到足够重视，城市河湖仅作为行洪和排污河道来利用，城市滨水区的土地价值被严重贬低。

第三，城市绿地网络、慢行网络、公交网络与"城市水网"仍然处于整合初期，还没有形成一个整体融合的系统，一旦形成，城市水系经济的巨大潜力才会发挥出来。

2 我国现阶段治水方针

2014 年习总书记提出"节水优先、空间均衡、系统治理、两手发力"十六字治水方针，陈雷部长在《求是》[2]杂志上发表署名文章，对四句话进行了详细解释，摘要如下：

（1）节水优先：高度重视节水这一关键环节，这一环节是恢复国家水生态系统健康的最关键一环。

（2）空间均衡：树立人口经济与资源环境相均衡的原则，不能对水资源进行掠夺式开发。

（3）系统治理：山水林田湖是一个生命共同体，治水要统筹自然生态的各个要素，要用系统论的思想方法看问题，避免造成生态系统严重损害，导致生态链条恶性循环。

（4）两手发力：水是公共产品，水治理是政府的主要职责，该管的不但要管，还要管严管好。同时要看到，政府主导不是政府包办，要充分利用水权水价水市场优化配置水资源，让政府和市场"两只手"相辅相成、相得益彰。

习总书记提出的十六字治水方针，是整个国家治水的总体指南，对城市水系景观规划具有重要的指导意义。

3 城市水系景观规划主要规范依据

目前，国家还没有出台专门的城市水系景观规划规范，但是已经具备了编制专项规划的法律地位和针对相关专业知识进行统筹与整合的条件。

2006 年水利部发文《关于加强城市水利工作的若干意见（水资源 [2006]510 号）》，在第三节"编制城市涉水专业规划"中提出："（一）城市涉水专业规划包括城市防洪规划、城市供水水源规划、城市水系整治规划、城市排水规划、城市水景观规划、城市节约用水规划、城市水资源保护规划等"。"城市水景观规划"是城市水系规划中的一个法定专项规划。

2009 年住房和城乡建设部为高效利用城市土地，促进城市健康发展，出台了《城市水系规划规范》GB 50513—2009，提出"城市水系综合利用规划、保护规划和基础工程规划"三大方面内容。同年，水利部颁布《城市水系规划导则》SL 431—2008，从"城市水系、城市水面、城市河湖水质、城市水景观与水文化、城市水系管理和规划工程实施方案"等六个方面提出了促进城市经济社会可持续发展的水系建设的指导原则，这两大规范是指导水系景观规划的基础。

4 城市水系景观规划的三个层次工作

第一层次，城市生态安全格局研究。其工作尺度通常是城市所在的流域、区域或规划委托区等多个尺度进行分析（图 1，在旅顺临港新城的水系景观规划工作中进行了大连、旅顺口区及滨海新区三个尺度的规划分析），主要规划依据是生态学、景观生态学理论。城市生态安全格局分析的目的是从宏观和更长久的历史时期，分析判断城市未来发展

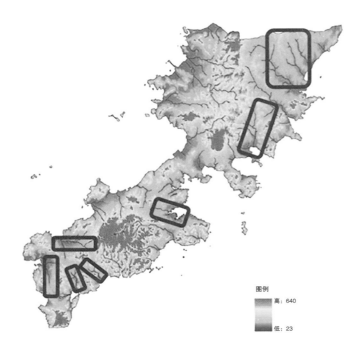

图 1　旅顺临港新城景观规划之市域分析图

图 2　成都市 200 年一遇标准防洪淹没区分析图

图3　铁岭凡河新城总规阶段水系平面图

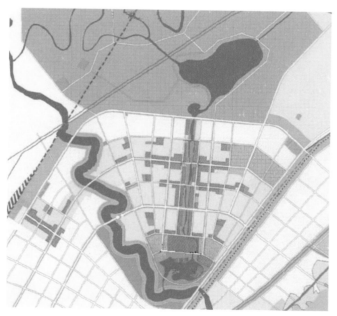

图4　景观规划后中轴水系平面图

参考文献

[1] 陈伟庆.苏轼治水思想述论[J].华北水利水电大学学报（社会科学版），2014，12.

[2] 陈雷.新时期治水兴水的科学指南[J].求是，2014，15.

的生态基础问题、用地条件、空间结构和建设适宜性分析。

第二层次，涉水相关专业规划问题梳理。从城市历史水系、城市水文化、防洪排涝、农田水利、城市供水排水、城市功能布局、地下管网、社会经济、旅游资源、城市休闲和水上交通等多个涉水专业发展出发，明确其与城市水系景观规划的关系。风景园林师需要从大量的相关专业规划资料中，了解地方水文情况，分析城市水生态安全欠账（图2，绿地系统规划需与城市排涝和泛洪区相结合）、不同水域的水景观价值、城市水系的建设条件、城市的动态发展因素，构思多个可能的比较方案。

第三层次，城市水系风景园林规划。水系风景园林规划不应该简单地在现有水域外围划上等宽的绿线，而是应将山、水、绿地与城市科学地融合，从美学、可达性、生态安全、防洪排涝、土地开发等综合需求进行规划，形成具有地方特色的水系景观结构和城市水文化环境。对近期需要建设的重点水域滨水空间，需进行概念性滨水空间形态设计，明确滨水区岸线的土地利用形式，水系形态设计应满足防洪安全和水利工程管理要求（图3、图4铁岭凡河新区水系景观规划，水系的形态设计从总规至修规阶段的变化），为城市规划提供科学依据。

5 小结

城市水系景观规划牵一发而动全身，需要有大局观、整体意识和高品质的环境追求，以及不同专业和不同管理部门的积极协同，才有可能完成高质量规划。城市的发展变化极为复杂，城市水系的问题也错综复杂，但是有一点不会改变，自然规律会惩戒我们的过失，让我们的土地利用更加合理，让人类的行为回归到可持续发展的轨道上来。

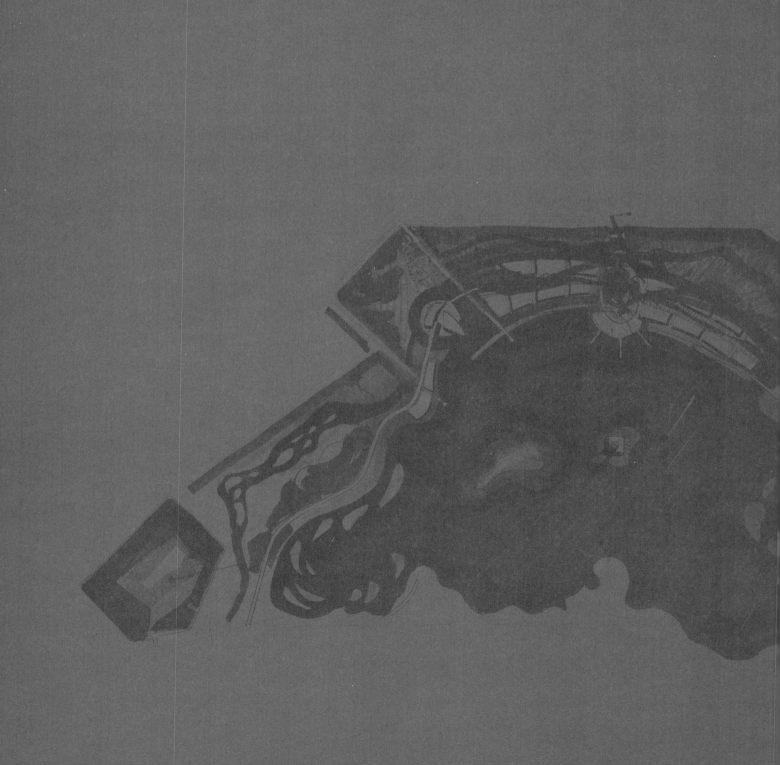

生态修复绿地水系
景观规划设计

_____

生态修复的概念解读

在近十几年的风景园林规划设计实践过程中，出现了工业废弃地改造、破损湿地修复、干旱地区退耕还林等以生态修复为工作重点的项目类型。因为大部分城市河湖的生态系统都存在不同程度的破坏，所以城市水景观规划项目大多涉及生态修复工作。生态修复（Ecological Restoration）已经成为风景园林专业的一个热词，生态学家又将其译为"生态重建"。什么是生态修复？如何进行生态修复？生态修复的目标如何制定？风景园林师需要对这些概念和问题有个明确的认识。著名林学家、生态学家，中国工程院院士李文华主编的《中国当代生态学研究》[1]中有权威解释，现摘录部分内容如下：

1 生态重建（Ecological Restoration）的定义及历史沿革

生态学从其创立之初就明确定位它是研究生物有机体与其生活环境之间的相互关系的科学。经过将近一个半世纪的发展，在今天人口、资源和环境压力日益突出的背景下，生态学已经成为解决当前世界可持续发展问题的应用基础学科。生态重建学就是在生态学基本原理的指导下，针对由于人类活动而导致的生态系统退化问题的一门新兴的、应用型的生态学分支，其主要思想是通过人工干预，来保持一个系统的平衡与稳定[1]。我国与生态修复相关的工作，有国土尺度的，比如退耕还林工程、三北防护林工程，还有以一条河流为尺度的，比如黄河治沙工程，还有以城市和街区为尺度的，比如目前正在进行的海绵城市建设，就是为了提高城市的韧性、稳定性及宜居性而开展的工作。

（1）马世俊观点：马世俊与挪威首相布伦特兰夫人在20世纪80年代初一次讨论会上谈及环境与发展问题时指出，中国不能光要环境，也得发展；不能光要保护，还要建设，必须是社会－经济－自然三个子系统齐头并进、协调发展。他提出：以生态控制论方法去诱导自生能力而非以机械论手段去堵截污染，以天人合一的复合生态观去推进社会、经济和自然的协调发展，而不是以回归自然的方法去消极保护环境，最终导致可持续发展概念的形成[1]……。

（2）生态重建的定义：生态重建是协助一个遭到退化、损伤或破坏的生态系统恢复的过程（Ecological restoration is the process of assisting the recovery of an ecosystem that has been degraded,damaged,or destroyed），国际生态重建协会提出重建生态系统的九个特征，现摘录部分内容如下[1]，

第一，重建的生态系统具有适当的群落结构，应尽可能由当地种构成。但在重建的人工生态系统中则容许引入外来的驯化种。应包括对生态系统继续发展和维持稳定性所必需的所有功能群，或有潜力通过自然的途径迁入的种。

第二，已重建生态系统必须具有正常的自我维持能力，能维持种群的繁育，并在现存环境状况下具有长期坚持的潜力。已重建生态系统在它发展的各个生态阶段都具备正常功能。

第三，自然环境应当适合于重建生态系统种群的持续繁衍，是为生态系统稳定性和发展所必需的。已重建生态系统可适宜地整合于一个较大的生态体系或景观之中，与之通过非生物和生物流及交换发生相互作用。

第四，已重建的生态系统具有足够的适应力，耐受当地环境中发生的正常周期性压力事件或因偶然干扰事件而产生波动。已重建的生态系统可以随着环境状况的变化而进化。

2 生态恢复（Ecological Recovery）与生态重建（Ecological Restoration）的区别

恢复是指自然恢复到原来的事物，生态恢复即恢复到生态系统被干扰前状态的生物地球化学过程。生态恢复是没有人为直接参与的，而生态重建是在人为辅助下实现的，这是两个概念的根本区别。通常在城市绿地的建设中采用的方法都是生态重建，以恢复人类活动破坏的环境。

3 生态修复（重建）的风景园林途径

协调人与自然的关系是风景园林师的专业职责。将破坏过的、污染过的或生态恶化的土地转换为园林绿地在我国古代城市建设中就多有实践。绍兴东湖风景区就是一个例证，绍兴东湖风景区是在古代采石场的基础上建设起来的，当时采石留下的石柱、山体峭壁等遗迹被巧妙地加以利用，成为风景区内最富有吸引力的旅游景点，采石坑塘也与天然水系沟通成为游憩水域。不过，今天我国风景园林师需要面对的不仅是千百年来过度开发导致的生态退化，还要面对近百年工业生产遗留下来的更为复杂的环境破坏问题，这就需要风景园林师主动学习生态修复的相关理论，在技术上进行专业的交流与融合，因地制宜，"化腐朽为神奇"，努力建设更加美好的家园（图1）。

图1 唐山南湖公园垃圾山上的垂直绿化

参考文献

[1] 李文华.中国当代生态学研究.生态系统恢复卷[M].北京：科学出版社，2013.

[2] 孟兆桢.园衍[M].北京：中国建筑工业出版社，2012.

昆明草海片区景观规划设计

时间：2013 年

地点：云南省昆明市

面积：10km²

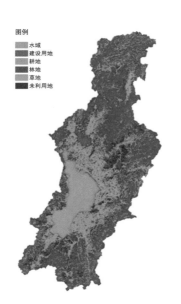

图 1　1980 年昆明中心城区范围

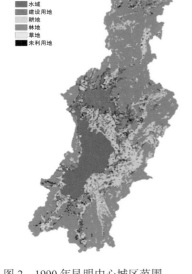

图 2　1990 年昆明中心城区范围

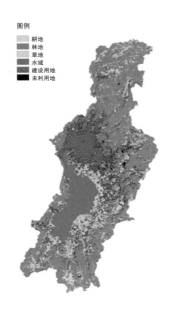

图 3　2008 年昆明中心城区范围

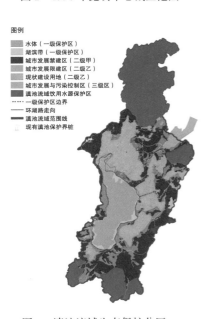

图 4　滇池流域生态保护分区

项目背景

本项目位于春城昆明，美丽的滇池湖畔。草海是滇池北部的一片狭长的内湖，三面为城市环绕。本项目规划范围东起西华路，西至碧鸡路，北以碧鸡路和二环南路为界，南接高跷枢纽立交和草海大坝，包括草海水域面积，总面积约 10km²。

滇池的污染和退化情况非常严重，是国家重点保护的高原湖泊之一。根据地理学家的结论，滇池已经进化到高原内陆湖泊发育的晚期，湖泊平均深度仅为 8m。滇池退化的主要原因是人工挖宽挖深海口河（滇池水体的排出口河道），使水位下降，再经人工围湖屯田，扩大城乡规模，导致水域面积大幅度减少。在近代，由于工业的发展以及山体林地的破坏，导致湖体淤积严重，水质恶化，然而滇池所在昆明市的城市化势头却难以遏制（图 1 ～图 4）。滇池注定要在未来的一百年内消失吗？昆明的发展如何兼顾滇池的保护呢？昆明草海片区因为深入城区，其污染和淤积情况最为严重，急需得到治理。

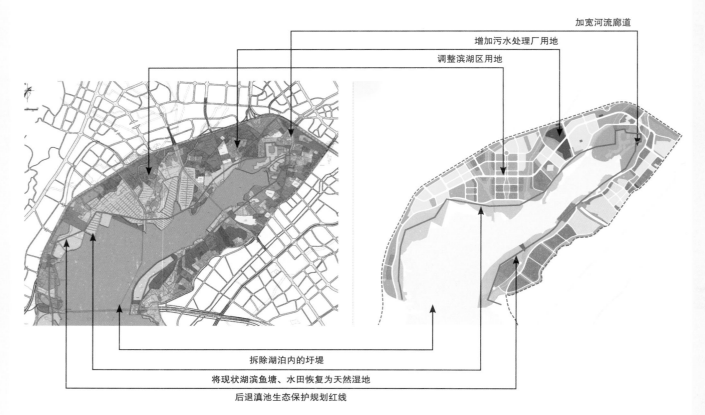

加宽河流廊道

增加污水处理厂用地

调整滨湖区用地

拆除湖泊内的圩堤

将现状湖滨鱼塘、水田恢复为天然湿地

后退滇池生态保护规划红线

图 5　滇池草海片区现状用地图　　　　　　　　　图 6　草海片区用地规划图

规划要点

　　本项目有别于一般的滨湖区的风景园林规划,其背景有国家对滇池的保护和生态修复工作的严格要求。因此,规划的出发点集中在如何保护和修复滇池的生态环境方面。在昆明市的总体规划中明确指出,昆明市老城区及滇池的生态环境恶化是由于缺乏环境保护意识、过快的人口集聚、落后的经济水平和规划建设水平低所造成的,规划提出"高度重视环保、人口调控、经济转型和提高规划建设水平",是解决滇池生态恶化的必经之路。作为局部地块的风景园林规划

工作,要吸收规划、水利及生态等相关专业的规划要求,针对滇池生态保护和修复工作的规划措施如下(图5、图6):

　　(1)守住滇池生态保护规划红线。

　　(2)调整滨湖区的工业和农业用地性质为居住、办公、商业和文化用地。

　　(3)扩大大观园公园绿地面积,增加污水处理厂用地。

　　(4)加宽河流廊道,降低城市热岛效应。

　　(5)恢复滨湖湿地,提高生物多样性。

　　(6)拆除湖内圩堤,增加湖水的流动性。

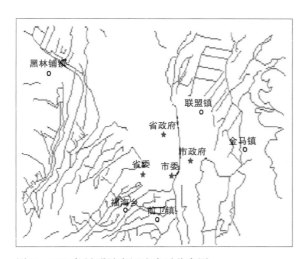

图7　1980年昆明城市河流水系分布图

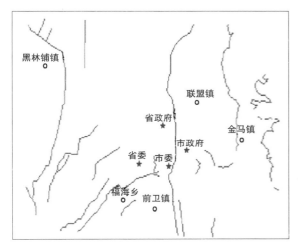

图8　2000年昆明城市河流水系分布图

1 老城区生态问题

1.1 城市缺水

滇池流域内多年平均地表水资源量为 9.7 亿 m³，多年平均可利用水资源量约为 6.9 亿 m³，其中洁净水资源量为 3.5 亿 m³。流域外调水资源总量为 9.17 亿 m³，其中牛栏江调水量为 6 亿 m³，主要用于滇池生态用水，其他城市调水 3.1 亿 m³。产生缺水的主要原因是人口聚集及粗放的水资源利用水平，同时生态环境破坏也是导致规划区资源性缺水的主要原因。滇池流域采矿的矿山很多，使 500 多平方公里的土地植被破坏，水土流失严重。再次，滇池流域森林覆盖率虽已达 50.1%，但多为云南松次生林，林种单一，植物密度稀疏，涵养水源的生态服务功能差。这种流域性的生态退化，将长期困扰城市水文环境。

1.2 城市内涝

2008 年昆明主城区 3m 以上河流密度是 0.5km/km²，不到 1980 年的 1.8km/km² 的 1/3（图 7、图 8）。主要原因是城市化发展的过程中许多支流小河道由于城市用地的扩展被侵占变窄或者以涵管的形式埋入地下，导致河流长度、面积缩小，河流的数量也减少。导致地势低洼的城区年年产生涝害，草海片区就属于这种情况。

1.3 城市排污

据统计，入滇河流中 3 条达到地表水 II 类标准、1 条达到地表水 III 类标准、3 条达到地表水 IV 类标准，28 条未达到 V 类标准；这些排污不仅影响城市居民健康，还危及已步入老年期的滇池。

1.4 热岛效应

1987 ~ 2006 年随着综合城市发展指数的增加，昆明市城区年热岛强度指数整体变化呈增大趋势，对二者进行相关分析发现，其相关系数为 0.85。昆明市热岛强度与城

1 大观公园
2 老运粮河
3 草海两岸干沟尾地块

图9 草海片区规划前卫星照片

市发展水平密切相关，随着昆明市城区范围的扩大，年热岛强度峰值出现的频率有增大的趋势。与城市扩张相伴的热岛效应、凝结核效应、阻碍效应加剧了城区的降雨强度和雨量，也增加了城市内涝的风险。

1.5 生物多样性退化

滇池生物多样性最丰富的区域为山前区和滨水区湿地，但是由于农业开发和城市建设使山前区全部开发为农田，滇池的滨水区湿地也大幅度消失（图9～图11）。相关数据显示，滇池土著鱼类已经由原来的25种变

图 10　大观公园（摄于 2013 年 05 月）

图 11　从西山回望草海片区（摄于 2013 年 05 月）

成 2 种，湿地群落由 14 个变成 6 种，西山地区大量的蝶类也已经消失了，滇池上曾经百鸟翔集的壮观场面也不复旧日。

1.6　人口趋于向中心城区聚集

昆明属于云南省人口净流入城市，2008 年昆明人口增长 25 万，预计 2050 年昆明及周围城市人口达到 900 万。昆明城市结构呈单中心高密度饼状布局，二环路以内建筑密度高，人口密度高达 2 万 ~ 5 万人 /km^2，二环路以外大多显现出城乡接合部的特征，"城中村"、"城边村"环境污染问题尤其突出。

1.7 建设用地利用效率低

滇池流域面积 2920km^2，目前城乡建设、区域基础设施等建设用地 600km^2，占流域面积 20%。已达昆明所在生态类型地区的高位（瑞士、德国等高海拔地区的建设用地一般为10% 左右），但是其经济总量仅 2120.37 亿元，收入主要依赖加工制造业，三产比 5.7 ： 45.3 ： 49.0。

滇池所面临的生态问题有天然湖泊进入老年阶段的自然现象，也有人类过度开发所致，而人为因素极大地加快了自然过程，并反过来威胁人类自身的生存与发展，因此对于滇池的退化问题，必须从战略高度来认识，从大区域到小片区的规划都要优先考虑滇池生态修复的需要，转变过去摊大饼的城市发展模式。

根据总体规划介绍，要解决老城区的生态问题需要做好以下三个层次的工作：

首先必须将老城区人口的增长速度降下来，通过轨道交通和调整产业布局，将空港、富民、崇明、宜良、安宁、昆阳几个二级城镇发展起来，充分利用流域的空间，变单中心摊大饼式发展为沿交通走廊发展的网状组团结构（图 12）；其次，优化用地，将滨湖、滨河地区的工业用地和老旧棚户区等用地调整为绿地或其他非工业性质的用地；最后，加强截污治污工作和滨湖生态种植带的修复工作。第一个层次的工作是一个长期的过程，而后两个层次的工作就是本次规划的重点内容。

2 滇池生态修复措施

2.1 水利部门对滇池生态修复的意见

滇池流域面积 2920km^2，湖面面积 309.5km^2，湖岸线长163km，湖容 15.6 亿 m^3。20 世纪 80 年代以来，滇池生态系统受到破坏，成为我国水污染最严重的湖泊之一。对于滇池的生态修复主要负责部门是水利部门，为解决流域内的生态恶化，当地政府编制了滇池治理的专项规划，提出以下五项措施：

（1）坚持"一个方针"，即治湖先治水、治水先治河、治河先治污、治污先治人、治人先治官。

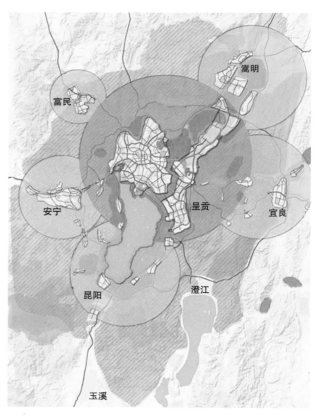

图 12　昆明空间格局：一城两区五组团

（2）把握"四条原则"，即湖外截污杜绝增量污染源，湖内清淤减少存量污染源，恢复湿地、修复生态功能，外流域调水、增强水动力。

（3）强化"四全举措"，即对"一湖两江"（滇池和长江、珠江）流域昆明境内全面截污、全面禁养、全面绿化、全面整治。

（4）实施"六大工程"，即环湖截污和交通、外流域引水及节水、入湖河道整治、农业农村面源污染治理、生态修复与建设、生态清淤。

（5）推进"四退三还"，即滇池及河道沿岸退塘还湖、退田还林、退房还湿、退人护水工作。到 2009 年底，退塘、退田 4.15 万亩，退房 49.6 万 m^2，退人 9476 人，完成环湖生态建设 5 万亩。

2.2 城市规划部门对滇池生态修复的意见

滇池的污染是昆明市落后发展水平的外在表现。治理滇池的根本在于提高对生态保护的重视程度，提高城市发展水平。治理滇池的一项重要工作是解决好昆明主城区的发展，如果延续过去的城市发展理念和建设水平，昆明主城区的生态问题会直接导致滇池的生态修复工作难以取得根本性的胜利。在"昆明城市区域发展战略研究与远景概念规划"的成果中，城市规划部门提出，"3E"的发展远景，"4C"的规划措施。

"3E"的发展远景为：

Economy：区域国际城市核心职能战略促进"昆明崛起，昆明转型"。——昆明崛起：构建中国面向东南亚、南亚的交通枢纽、信息枢纽，促进区域文化中枢、国际事务区、金融服务区等发展，提高区域竞争力和国际影响力。

Equality：包容性增长战略打造"和谐昆明，人间天堂"。

——昆明转型：调整产业结构，转变经济增长方式；促进文化创意产业等服务业转向、积极实现昆明现代物流业、旅游、商贸产业的新跨越，扶持生物制药业、光电子信息产业、新能源等高新产业。

——面向 500 万就业岗位的增长战略。

——面向广大发展落后县市和山区的增长战略。

Environment：可持续发展战略实现"明秀山川，绿色昆明"。

——滇池、区域河流水系治理，构建区域生态安全体系。

——绿地和开敞空间战略，塑造优良和具有特色的人居环境。

"4C"的规划措施为："通过空间资源优化布局实现昆明城市社会、经济、环境的综合效益"

Compact Multi-Centers 紧凑式多中心布局。

—— 规划结合地形、生态条件。

—— 发挥区域整体优势。

Corridors 走廊式组织。

——从增长极到点轴发展，然后到走廊式发展。

——便于区域基础设施支撑。

Coordination of Development and Environment Protection 协调——滇池环境保护的需要。

Culture Diversity 文化多样性。

——多民族文化优势。

——与地方文化特质息息相关的高原、湖滨和山水城市多元复合要素。

3 昆明草海片区风景园林概念规划

3.1 生态修复策略一：恢复山水视廊

大观园长联记载了曾经的昆明古城山水胜景，对联的内容变成了风景园林规划的依据，现摘录如下：

上联：五百里滇池，奔来眼底。披襟岸帻，喜茫茫空阔无边。看东骧神骏，西翥灵仪，北走蜿蜒，南翔缟素。高人韵士，何妨选胜登临。趁蟹屿螺州，梳襄就风鬟雾鬓。更频天苇地，点缀些翠羽丹霞。莫辜负四周香稻，万顷晴沙，九夏芙蓉，三春杨柳。

下联：数千年往事，注到心头，把酒凌虚，叹滚滚英雄谁在！想汉习楼船，唐标铁柱，宋挥玉斧，元跨革囊。伟烈丰功，费尽移山心力。尽珠帘画栋，卷不及暮雨朝云。便断碣残碑，都付与苍烟落照。只赢得几杵疏钟，半江渔火，两行秋雁，一枕清霜。

长虫山—运粮河—昆明古城—大观园—草海—西山，是昆明市古代城市山水景观标志性空间序列，具有历史文化保护价值，在过去的城市开发过程中，没有顾及传统城市山水格局的保护，建议在未来的城市更新过程中，做好控制工作，逐步拆除阻挡景观视线的建筑群，保护好山-水-城之间的视线通廊（图13）。

3.2 生态修复策略二：湖滨游憩绿地规划

草海环湖生态带不仅是重要的生物栖息地，还是人们亲水活动的重

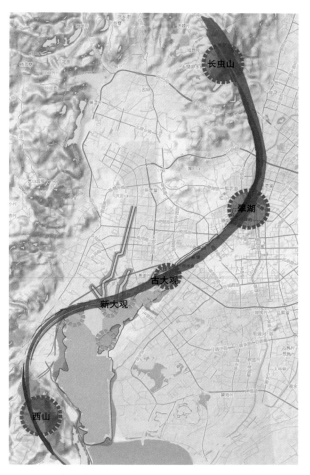

图 13　山水视廊分析图

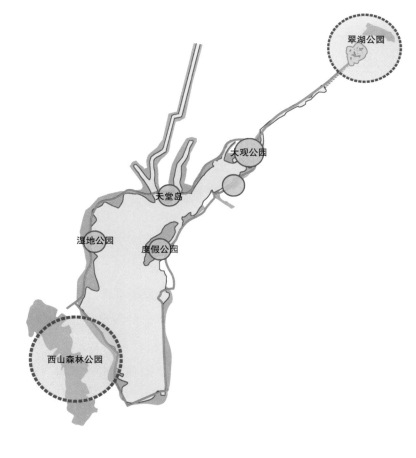

图 14　环湖路景观节点分布图

要场地。从昆明古城南的翠湖公园开始，沿着运粮河滨河绿地的绿道，可以抵达大观公园，在这里可以沿草海北岸向西行，转向南进入西山风景区（图 14）。也可以沿草海的东岸一直向南，抵达滇池的北岸，欣赏"茫茫空阔无边"的水景。

　　沿草海湖形成环形的慢行道，这条慢行道和两侧城市绿地内的道路相连，使草海片区形成连续的慢行网络，在主要的交通节点处，增设休憩区，提供餐饮、住宿和湿地游览设施。环湖慢行道的设置均在水利部门划定的滇池保护红线之外。

3.3 生态修复策略三：湖滨生物多样性环境恢复

20世纪50年代草海清澈见底，湖底全部覆盖水草，是鱼类的产卵栖息地，外海沉水植物覆盖率为80%，全湖有丰富的螺、蚌，渔产丰富，水质达地面水Ⅱ级。1970年代以来，随着昆明城市化、工业化的发展，滇池水质迅速恶化。如今，草海鱼虾已基本绝迹，沉水植物几乎全部消亡。根据2010年滇池生态保护规划划定的生态红线，规划提出后退红线100m，同时，结合现状绿地、地下水、潮汐、土壤厚度、现状绿地、河流廊道和现状土地利用等生态因此，确定草海片区的建设适宜性。在环湖重点保护区内，禁止游客进入，结合现状场地条件，进行湿生植物栽植（图15～图18）。

3.4 生态修复策略四：退圩还湖

为了保证草海的水质，必须提高其流动性。湖体流场分析结论如下：

（1）打通老干鱼塘、东风坝与草海的隔离，有利于减少局部小区域环流，增强水体流动性（图19）。

（2）实施外海调水，并从东北角大观河引入草海，能最大化体现调水效益，增强水体交换，改善草海水质。

图15　Boris在现场调研，为本项目绘制了精美的滨湖绿地方案（摄于2013年05月）

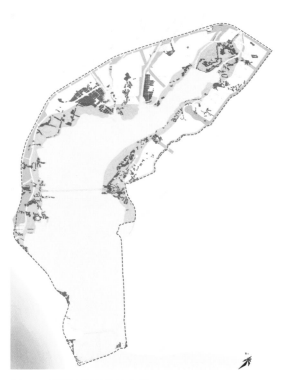

图16　草海片区现状树分析

图17　草海片区建设适宜性分区

图 18　美籍设计师 Boris 手绘滨河绿地详细设计总图

情景一：南部水域以风生流为主，形成逆时针环流；北部狭长水域以重力流为主，自北向南流动。

情景二：自船闸从外海调水，受调水影响，西园隧道一线以南环流减弱，形成自东向西重力流。

情景三：自船闸与大观河从外海调水，受调水影响，北部狭长水域及南岸附近水域重力流作用增强。

情景四：水域连通后，南部与北部分别形成两个逆时针环流；北部狭长水域以重力流为主，自北向南流动。

情景五：自船闸从外海调水，受调水影响，南岸附近水域重力流作用增强。

情景六：自船闸与大观河从外海调水，受调水影响，湖泊环流减弱，重力流作用增强。

大观河

东风坝

老干鱼塘

图 19　草海流场分析组图

3.5 生态修复策略五：用地功能调整与防热岛效应的建筑布局

草海片区现状用地的功能以工业为主，未来将调整为旅游、办公、商业及中高档居住用地。

在对用地的建筑布局规划时，考虑了减少热岛效应的措施，在满足城市经济功能运行的情况下，建筑密度、通风廊道、建筑外墙反射率、建筑节能、绿地率和屋顶绿化是控制热岛效应在一定的程度下的综合措施。在维持土地利用效率的前提下，应在建筑密度与高度间取得平衡，当建筑密度 >36%，降低建筑密度能有效增加天空可视面积，进而缓解热岛效应。当建筑密度 <36%，采用减低建筑高度的做法有效增加天空可视面积，进而缓解热岛效应。

1 天堂岛
2 保留树岛
3 滨水走廊
4 核心区走廊
5 滨河绿地
6 蝴蝶园
7 大观公园
8 云南民俗园
9 历史公园
10 芳香植物园
11 度假村
12 湿地公园

图 20　昆明草海片区景观规划总平面图

4 小结

　　尽管本项目在投标中失利，但该项目中所反映的大型天然湖泊的生态问题非常重要，因而将其收入本书中。希望在规划大型天然湖泊滨水区时，风景园林师要有足够开阔的视野，要将城市发展战略、流域生态规划和水利部门的治理规划等相关专业的内容纳入我们局部地块的景观规划中来，增强设计成果的科学性。中国生态环境问题的核心是巨大的人口基数和落后的生产力水平，欲使生态环境改善，需要改变我们的发展方式，提高我们的产业等级，也需要在规划阶段开始就将生态保护和恢复放在首位。要想实现瑞士苏黎世那样的环境，昆明市还有很长的路要走，希望通过未来几代人的不懈努力，滇池能够重现碧水蓝天，那些消失的蝴蝶能够再次回到滇池的湖畔（图 20、图 21）。

图 21　昆明草海片区景观规划鸟瞰图

辽宁莲花湖国家湿地公园核心区
景观规划设计

时间：2009 年

地点：辽宁省铁岭市

面积：6km²

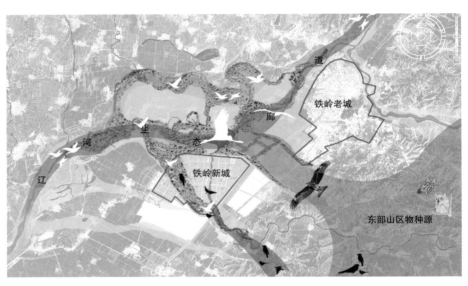

图 1　莲花湖湿地公园在铁岭市的位置

项目背景

莲花湖湿地是铁岭古八景之一"鸳鸯泛月"的所在地，明代词人陈循咏写有"铁岭八景"诗《鸳湖泛月》，曰："湖山横秋烟，鸳湖时出没。中有荡舟人，高歌弄明月。"可以想象当年莲花湖湿地壮阔的自然美景。

莲花湖湿地的农业开发始于清代雍正年间，有五户人家从山东迁到湖边居住，该地就叫五家湖。中华人民共和国成立后，进入农业建设的高潮期，到 1958 年，湿地大部分已经被改成水稻田，得胜台水库（现更名为莲花湖）即建于当时，水库下游受益耕地 2 万亩，保护人口约 1.5 万人。

进入 1980 年代，莲花湖开始成为铁岭市城市污水的主要通道，目前年污水排放量超过 3000 万吨（包含 1400 多万吨中水），经过将近 30 年的纳污，形成厚达 3m 的淤泥层，湖体蓄水量减少至原设计量的 1/4，湖体严重退化。尽管防洪功能退化，但是淤积后的水库却成为南北迁徙的候鸟们的乐园。2005 年铁岭将莲花湖湿地申报为国家级湿地公园，铁岭凡河新城亦依托莲花湖湿地建设"北方湿地之城"（图 1）。

希望以良好的水景环境吸引人们来此生活置业。本项目为莲花湖湿地公园核心区的规划，总面积为 6km²，其中水库的水域面积约 2.5km²。

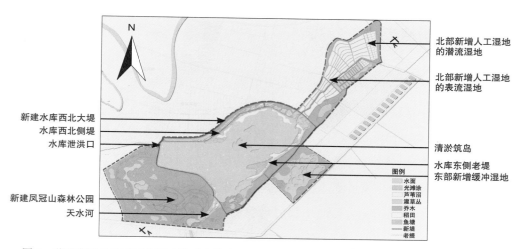

图2　莲花湖湿地公园核心区建设后生境分析图

图中标注（从上到下、从右到左）：

北部新增人工湿地的潜流湿地
北部新增人工湿地的表流湿地

新建水库西北大堤
水库西北侧堤
水库泄洪口

清淤筑岛
水库东侧老堤
东部新增缓冲湿地

新建凤冠山森林公园
天水河

图例
水面
光滩涂
芦苇沼
灌草丛
乔木
稻田
鱼塘
新堤
老堤

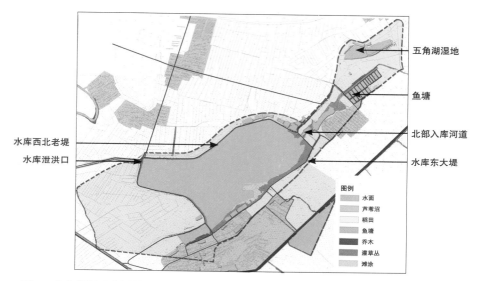

图3　莲花湖湿地公园核心区规划前生境分析图

图中标注：

五角湖湿地
鱼塘
北部入库河道
水库东大堤

水库西北老堤
水库泄洪口

图例
水面
芦苇沼
稻田
鱼塘
乔木
灌草丛
滩涂

规划要点

在2006年完成莲花湖国家湿地公园的申报工作之后，铁岭市政府就开始了湿地公园的实施工作，目前已经进行到第三期工程。本项目是首期核心区的规划设计（图2、图3），包括六个重点内容：

（1）鸟类栖息地生境需求研究。本项目首要规划目标就是创造适合鸟类栖息的生境。

（2）截污治污工程。主要解决北部城区入湖污水的问题，规划建设人工湿地承接部分污水厂处理过的中水，经过净化后排入莲花湖水库。

（3）做到淤泥不外运，少破坏底泥生态系统，同时达到提高蓄洪能力的目的。

（4）干旱缺水及治理底泥污染需要解决清水补给问题，规划修建天水河水渠从凡河引水。

（5）隔离城市的干扰，建设凤冠山绿地。

（6）将上述生态修复、污水治理等内容和休闲游憩规划结合在一起，形成完整的风景园林规划设计成果。

1 莲花湖湿地公园的鸟类资源

据《莲花湖扩湖筑堤工程环境影响评价》提供的数据，莲花湖区域有至少 165 种鸟类栖息。其中迁徙的旅鸟和候鸟占 139 种，包括国家一级重点保护鸟类 3 种：东方白鹳、白鹤和大鸨；国家二级重点保护鸟类 15 种，包括鸳鸯、大天鹅等。本地区被列入《中日候鸟保护协定》的鸟类共有 80 种，列入《中澳候鸟保护协定》中的鸟类有 27 种，属于国家"三有"动物保护名录的鸟类共 140 种。拥有如此丰富的鸟类资源，一方面由于莲花湖位于生物多样性丰富度较高的山区与河流临近的地区，另一方面还因为莲花湖位于亚洲四大候鸟的迁徙路线上，向海、莫莫格与盘龙三大鸟类自然保护区就在莲花湖湿地的北部。为了保护鸟类栖息地，2005 年铁岭市政府将以原得胜台水库为核心的湿地申报国家级湿地公园，规划面积 47km²，于 2006 年获批准成为第七个国家级湿地公园（图 4）。

图 4　莲花湖位于亚洲四条主要鸟类迁徙路线上（铁岭市规划局供稿，摄于 2009 年 07 月）

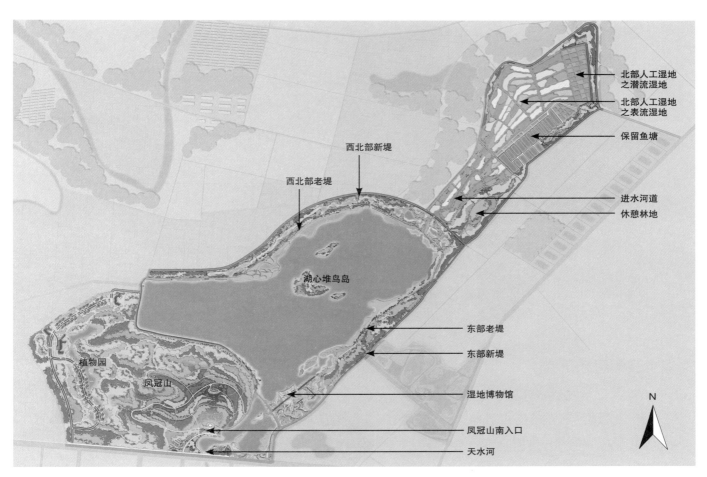

图 5　莲花湖湿地公园核心区景观规划总平面图

（图中标注文字）
北部人工湿地之潜流湿地
北部人工湿地之表流湿地
保留鱼塘
西北部新堤
西北部老堤
进水河道
休憩林地
湖心堆鸟岛
东部老堤
东部新堤
湿地博物馆
植物园
凤冠山
凤冠山南入口
天水河
N

2　莲花湖湿地公园核心区风景园林总体规划

　　莲花湖湿地公园核心区分为五个功能区（图 5、图 6）。分别是：鸟类栖息地保护区，规划面积 2.24km²，用地以现状得胜台水库为主；北部人工湿地净化区，规划面积 0.81km²，用地包括部分耕地和整合了部分破碎的湿地；第三个分区是凤冠山景区，规划面积 0.45km²，现状用地为农田；第四个分区是水上娱乐区，规划面积 1.53km²，是天水河入莲花湖的连接段，内设博物馆、接待、游船码头和儿童水上游乐设施；第五个分区是植物园，规划面积 0.97km²，现状用地为农田，总用地面积 6km²。

　　为了保护鸟类的栖息少受人为活动的影响，规划游览线路和游人活动区域时设置了可进入区、限制进入区和不可进入区域（图 7）。

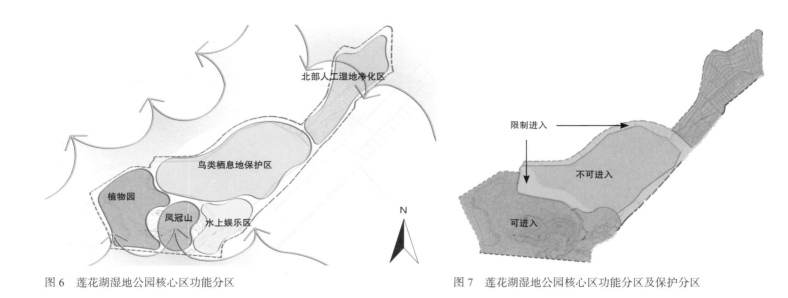

图 6　莲花湖湿地公园核心区功能分区　　　　　　　　　　　图 7　莲花湖湿地公园核心区功能分区及保护分区

3　鸟类及栖息地研究

3.1　鸟类生态类型、种类和数量

北京师范大学的鸟类研究专家对当地鸟类的种群及生活习性进行了研究。研究团队将鸟类分成水禽、涉禽、陆禽、猛禽、鸣禽、攀禽等六大类，其中水禽需要较为开阔的水面，涉禽则需要沼泽湿地，两者都需要芦苇、香蒲等湿生植物群落来产卵。从现状芦苇香蒲的群落分布来看，主要沿着东、南和北大堤的岸边分布。陆禽一般以昆虫为食，喜欢的栖息环境是灌木草丛，现状规划区内仅有老的堤防两侧有分布。猛禽则以高大乔木为主要栖息环境，食物为蛇类、鼠类及鱼类，现状栖息的大树也仅为大堤上的杨柳树；鸣禽和攀禽主要栖息在树林及灌木丛中，在稻田、高粱地和村落内也经常看到燕子、麻雀、喜鹊、啄木鸟等鸟类（图 8、图 9）。

3.2　现状鸟类栖息地的问题

鸟类栖息地的需求是本规划首先考虑的问题，尤其是国家重点保护鸟类栖息条件的改善；其次是满足市民观赏娱乐的需求。鸟类研究团队将规划区内分成八种生境，包括开敞水面、光滩涂、芦苇香蒲沼泽、乔木林、灌草丛、稻田、鱼塘和村落，不同的生境类型为不同的鸟类提供取食、筑巢和活动的环境。通过生境分析发现如下问题：

第一，重点保护的游禽和涉禽的生境面积较少，而且不够安全。芦苇

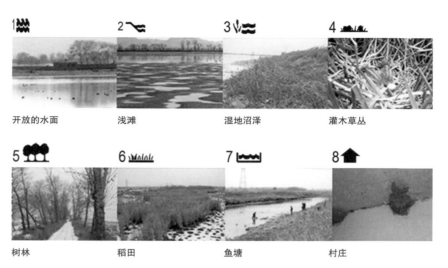

图 8 现有生境类型划分

开放的水面　浅滩　湿地沼泽　灌木草丛

树林　稻田　鱼塘　村庄

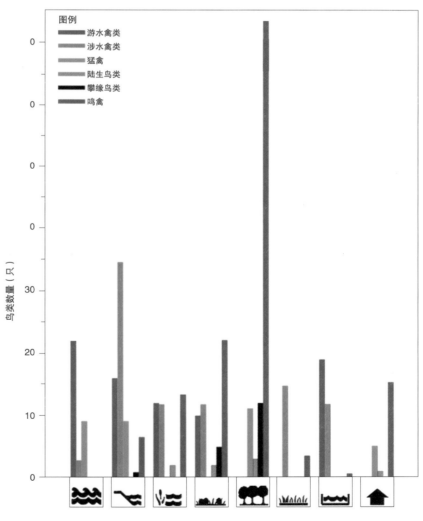

图 9 莲花湖湿地公园鸟类栖息地综合分析图

濒危物种分析

以东方白鹳为例:

拉丁名	高度	栖息类型	族群	保护等级	铁岭停留时间	食物来源
Ciconia boyciana	120cm	迁徙性	涉禽类	濒危	10～11月 3～4月	鱼、老鼠、青蛙、昆虫

生产时间	动物行为	抗干扰度	栖息地需求
4～8月,不在铁岭	在夜间成群迁徙	敏感,要求安静	

图10 稀有鸟类习性及栖息地需求研究示例

和香蒲湿地多集中在水库边缘,很容易受到村民活动的干扰(图10)。

第二,人们喜欢亲近的鸣禽和攀禽的种类数量很多,但是可以栖息的森林生境太少。

第三,鹰隼类猛禽对蛇类和鼠类的数量控制有益,规划区也缺少它们落脚的地方。

第四,水库和城市北部道路之间没有遮挡,湿地核心区受城市影响较大。

图例

预处理工业污水处理路线
预处理家庭污水处理路线

灌溉管道
排水沟
莲花池自然排水系统
污水处理厂
水流方向

辽河

废水
60000吨/天

潜流湿地

表面流湿地

铁岭老城

凡河

天水河

如意湖

图11 莲花湖水质保障工程分析图

4 莲花湖水质保障工程

过去三十多年时间里，铁岭老城区的部分雨水和生活污水通过贺家排干进入莲花湖。莲花湖东部沿京哈高速的开发区用地内的雨水和工业污水也排进莲花湖，导致湖泊淤积加快，造成水体和底泥污染，由于多年未清淤，污染物慢慢沉积在水库的淤泥层之中。

为解决入库水质污染的问题，规划了四个配套工程措施（图11）。

首先，在2007年扩建了第三污水厂，提高了老城区污水的净化能力，部分污水厂的中水将从北部排入莲花湖，进入莲花湖的中水量达6万吨/天。

其次，是将贺家排干改线，不再直接进入莲花湖，而是结合新区规划从莲花湖湿地公园南部的黑龙江路北侧排入凡河下游。

最后，将莲花湖北部几处碎片化的湿地连接到一起，采取人工湿地净化技术，将来自老城的中水进行深度净化，降低入湖水质的有机营养成分。

通过上面三组截污治污工程，汇入莲花湖水库的污水会得到治理。但由于深达3m厚的污泥层富含营养物，未来湖体还会出现水华现象。因此，莲花湖水库一旦出现水华现象即可通过换水和人工清理的办法来解决。因此，还需要清水引流工程，于是就修建了从凡河引水的天水河。该工程不仅是保证湿地安全非常重要的配套水利工程，也是凡河新城中轴线的核心景观元素。

5 北部人工净化湿地设计

在20世纪60年代起修建辽河大堤之后，莲花湖区域逐渐变成了旱田和水田，形成了十余个自然村，现状湿地退化严重（图12～图19）。位于莲花湖水库北部同期修建的五角湖水库，已经完全废弃，被填埋后仅剩下一小部分水域，规划拟利用这部分废弃的坑塘湿地建设净化中水的人工湿地。人工湿地由潜流湿地、表流湿地及防护绿地三部分构成。中水先通过潜流湿地将其中的超标营养物净化降解，然后排入表流湿地。其中潜流湿地 7.37hm²，表流湿地 53.57hm²。中水在湿地总停留时间 7.5 天，其中潜流湿地停留时间 2 天，表流湿地停留时间 5.5 天。

由于污染严重，水库边野生的湿生植物群落仅剩下红蓼、小香蒲两个耐污能力比较强的品种。人工湿地内引种了以芦苇和水葱为主的大约 30 个湿生植物品种，同时兼顾花卉观赏的需求，种植了千屈菜、鸢尾等观赏性湿生植物 (图20 ～ 图23)。

图 12　莲花湖北部乡村中的小河

图 13　废弃的五角湖水库

图 14　拦污栅和正在维修的引水闸

图 15　村旁鱼塘和排水沟

图 16　莲花湖北侧入水口小香蒲群落

图 17　人工养殖的莲花

图 18　正在偷排的污水口

图 19　湖边的水稻田

（图 12 ~ 图 19 摄于 2006 年 09 月和 12 月）

图20　表流湿地建成效果（摄于2009年09月）

图21　表流湿地中的千屈菜（摄于2009年09月）

图22　保留的红蓼和柳树岛（摄于2009年09月）

图23　排水河道旁的野生红蓼（摄于2009年09月）

6 湖体清淤与扩湖筑岛

由于现状水库的蓄水能力不足原设计标准的一半，防洪能力也大为减少（图 24）。按照常规扩大库容的做法，清淤后形成的 500 万 m^3 的有害淤泥将无法消化（图 25）。此外，现状淤泥层内已经形成了稳定的底栖生物群落，是水禽和涉禽的主要取食场所，一旦挖除，会影响鸟类的栖息取食。

为了提高库容，并尽量减少对湿地生境的扰动，规划采取两项措施，第一个措施是在湖心筑岛，可以消化一部分淤泥以提高库容，水库内的浅滩大部分的淤泥层保留不动，对现状底泥生态系统影响较小。此外，在湖心筑岛还可以为国家级保护鸟类提供更加安全的栖息地。

第二个措施是在现状老堤外扩大水域面积。现状老堤已经残破不堪，不仅不能满足防洪要求，也不能满足通车安全的要求，但是老堤上生长的乔木和灌木是鸟类重要的栖息环境，如果在老堤的基础上重新修建堤防，就会破坏这些已经成型的生境。为满足扩大库容和保护生境的要求，规划向东部外扩修建新堤，老堤转变为步行主路。经筑岛及扩堤后水库容积达到近 300 万 m^3，在扩容的同时，也优化了库区湿地的栖息环境（图 26）。

图 24　莲花湖水库冬季缺水时裸露的滩地（摄于 2007 年 01 月）

图25　莲花湖水库建设前河底高程（单位：m）

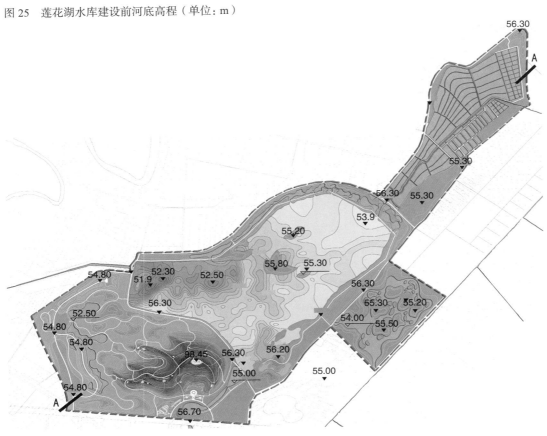

图26　莲花湖湿地公园核心区竖向设计（单位：m）

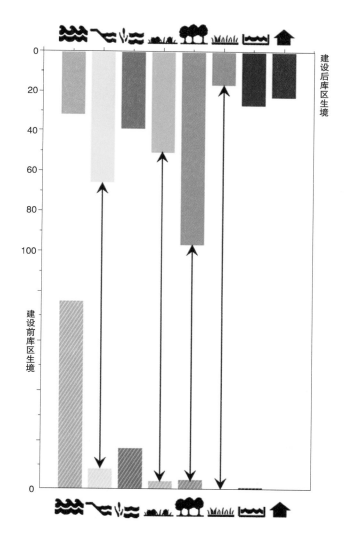

图 27　莲花湖生境规划建设前后对比图

7 鸟类栖息环境的改善

创造更为丰富的生境、为国家级保护鸟类创造更为安全的栖息环境、满足人们多样化的观鸟需求以及吸引更多的鸟类到莲花湖湿地来，这些工作是莲花湖湿地公园景观规划的主要出发点，针对莲花湖现状生境的不足规划采取了如下措施：

第一，在水库中北部淤积较多的地方堆筑鸟岛，为涉禽提供人类不能干扰的孵化环境。

第二，增加库区水面和人工湿地面积，为涉禽和游禽提供更多更安全的栖息环境。

第三，保护现状老堤已经形成的柳树、灌丛和菖蒲浅滩生境。

第四，在水库北面与城市之间堆筑微地形——名为凤冠山，可隔离城市对湿地核心区的不利影响。其上种植针阔混交林带，满足鸣禽、攀禽、猛禽的栖息生境需求。

建设完成后，莲花湖湿地核心区增加了开阔的水面面积，减少了浅滩的面积，增加了森林和灌草丛面积，取消了稻田、农舍和鱼塘三种人工生境（图27～图29）。

图 28　莲花湖东堤上杨柳成荫，老堤内侧的芦苇湿地生长茂密，得到很好的保护（摄于 2006 年 09 月）

图 29　从莲花湖北部人工湿地回望凤冠山，中景是湖心的莲花岛（摄于 2010 年 10 月）

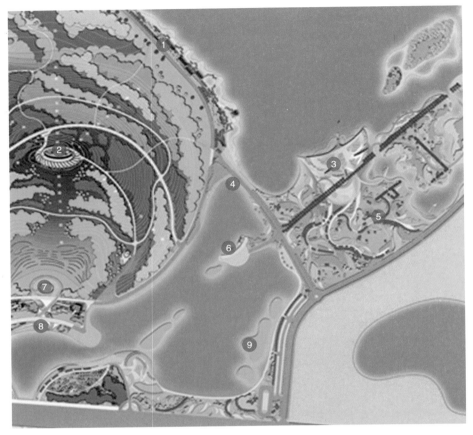

1 观鸟平台
2 凤冠山山顶
3 鸟类博物馆
4 天水河入莲花湖闸门
5 林地
6 码头
7 门区
8 亲水平台
9 湿生植物

图 30　莲花湖湿地公园南入口区平面图

8　公园游憩系统规划

在莲花湖核心区的南部设有公园主入口区，北部和东部各设一个次要
入口。开车来参观的游客可以在主入口区换乘电瓶车，沿着环湖（水库）
路绕行一圈，沿线有休息服务区。游客也可以坐船从凡河新城过来，沿着
天水河从凡河开船，经过如意湖景区，在城市中部穿过后，抵达莲花湖湿
地。整个航道水位相同，畅游无阻。

莲花湖核心区的入口区设有观鸟平台、栈道、码头、酒吧和鸟类博物
馆等旅游服务设施，在公园开放使用后，公园入口区很快成为当地知名的
婚纱摄影取景地（图 30 ~ 图 35）。

图 31 婚纱摄影

图 32 观鸟平台

图 33 湿地博物馆

图 34 莲花湖湿地公园南入口区码头

（上述图片摄于 2009 年 08 ~ 10 月）

图35　莲花湖湿地公园入口区鸟瞰（铁岭市规划局供稿，摄于2009年07月）

图 36　莲花湖湿地公园建设前卫星照片

9 小结

　　莲花湖湿地公园的建设已经进行到第三期工程，为鸟类栖息而营造湿地公园，使铁岭凡河新城的建设具备了追求"天人合一"理想的特征。莲花湖湿地公园规划最大的特点有两个，第一是以鸟类的需求为第一考虑要素；第二，将凡河水引入湿地公园，确保湿地公园的水质与水量，而这一引水工程成为新城的景观轴线，发挥了"水系连通工程"综合效益最大化的作用（图 36、图37）。ASLA 评委会对于铁岭莲花湖国家湿地公园核心区规划设计的评价："这个项目让人感觉很丰富，这是一个真正的景观而非一个框架。对于场地与景观的清晰而明确的修复令人震惊。"

图 37　2017 年莲花湖湿地公园卫星照片

项目获奖情况

国际奖项

2009 年 4 月荣获意大利托萨罗伦佐国际园林奖地域改造景观设计类二等奖

2012 年 6 月荣获美国风景园林师协会分析与规划类荣誉奖

国内奖项

2009 年 4 月荣获 2007 年度全国优秀城乡规划设计项目城市规划类三等奖

2008 年 2 月荣获辽宁省优秀工程勘察设计二等奖

赤峰西山风景区景观规划

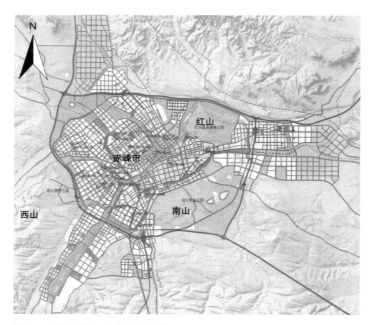

图 1　西山风景区在赤峰市的位置

时间：2012 年

地点：内蒙古赤峰市

面积：33km²

项目背景

　　赤峰古称松州，谓之"平地松林"、"千里松林"，是一座"因河而兴，因商而起"的城市。清代以前的城市周围曾经森林环抱，但近 300 年来，农业开垦、城乡建设和滥砍滥伐导致赤峰市周边丘陵地带大部分变成荒山秃岭，使得城区热岛效应加剧，冬天寒冷且风沙大，夏天酷热且洪涝灾害严重。2010 年，赤峰市开始启动争创"国家森林城市"活动，将城市周边山区纳入城市休闲旅游体系中来统筹布局，将防护林营造、生态农业、观光农业等新兴产业模式融入城市周边的森林生态系统修复工作中来（图 1～图 7）。

　　本项目位于赤峰市中心城区的西南侧，规划面积 33km²。

图2 快速城镇化过程中城乡发展不平衡的问题

图3 建设用地缺乏与使用效率不高的问题同时存在

图4 干旱少雨及风沙导致的荒漠化威胁城市发展

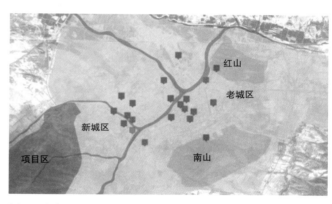

图5 公共服务设施缺乏

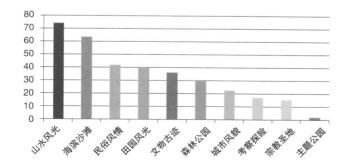

图6 国内不同旅游类型的游客数量比例

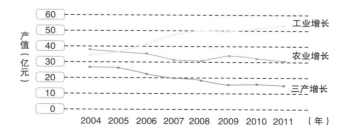

图7 一产、三产下滑，二产增长乏力

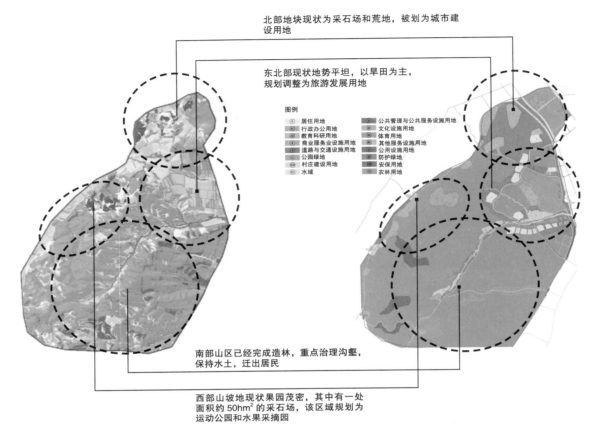

北部地块现状为采石场和荒地，被划为城市建设用地

东北部现状地势平坦，以旱田为主，规划调整为旅游发展用地

图例
- ① 居住用地
- ② 行政办公用地
- ③ 教育科研用地
- ④ 商业服务业设施用地
- ⑤ 道路与交通设施用地
- ⑥ 公园绿地
- ⑦ 村庄建设用地
- ⑧ 水域
- ⑨ 公共管理与公共服务设施用地
- ⑩ 文化设施用地
- ⑪ 体育用地
- ⑫ 其他服务设施用地
- ⑬ 公用设施用地
- ⑭ 防护绿地
- ⑮ 安保用地
- ⑯ 农林用地

南部山区已经完成造林，重点治理沟壑，保持水土，迁出居民

西部山坡地现状果园茂密，其中有一处面积约 50hm² 的采石场，该区域规划为运动公园和水果采摘园

图 8　西山风景区用地现状图　　　　　　　图 9　西山风景区用地规划图

规划要点

本项目不同于常规的城乡水景观规划项目，在规划用地内基本看不到水体。规划目标是恢复森林环境，保持水土，让干涸的河道恢复清流不断。因此，本项目偏重水生态环境修复（图 8、图 9）。重点规划内容有两点：

（1）在景观生态学和生态修复学指导下，利用 GIS 技术进行大面积丘陵山地精细化景观规划。

（2）林业、水利、园林和规划多专业结合推动北方恶劣生境城郊山区的生态修复。

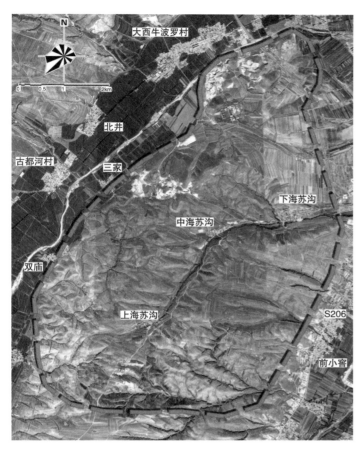

图10 规划区卫星照片

1 场地现状

赤峰西山位于中心城区的西南侧，拥有起伏缓和的丘陵地貌，侵蚀沟发育强烈。现状规划用地内80%的土地利用为旱田，10%左右的用地是果园及油松、杨、榆等杂木林地，还有约10%的采石场、荒地、乱掘地、侵蚀沟等。海苏沟是规划区内的主干河道，是季节性行洪河道，平时干涸。

赤峰西山现状可资利用的景观资源非常有限，尽管春夏季节满山绿意，空气凉爽，但是在干燥多风的春季和漫长寒冷的冬季，唯一可以感受到的是北方的荒凉。风景区建设所面临的难题很多，包括降雨少蒸发大、地下水超采、没有地表水源、周围没有好的引水条件、天然森林环境几乎完全破坏等等不利的自然条件。规划区内还有4个村落，2000多农民在这里居住，需要考虑这些人的安置和就业问题。最重要的是缺乏投资，赤峰市经济发展水平较低，要靠自己的努力尽快恢复"千里松林"的城郊生态环境，必须要有科学的发展思路（图10、图11）。

图11 赤峰西山风景区航拍照片（摄于2012年08月）

2 气候及水文条件

规划区内部地表水流均为季节性河流和洪水冲沟，径流汇入外侧河流，有效汇水面积37km²、年平均降水量370mm、径流系数0.138，不考虑蒸发量情况计，则汇水总量为192万 m³/年，如考虑蒸发量，年平均蒸发量达1994.5mm，则无雨水可自然存留。规划区地下水资源目前处于严重超采阶段，家用井平均深度达地下60m，储量逐年大幅下降。区内水利设施缺乏，仅有少量泄洪道和小型水窖，不能满足现状需求，因而雨水及时收集和他地调水成为必然（图12、图13）。

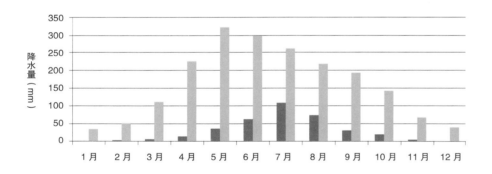

图12　赤峰降水及蒸发量图

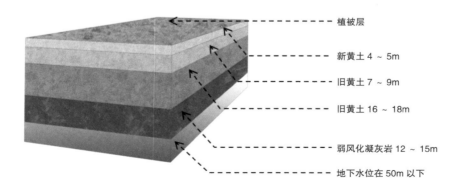

图13　西山风景区地下水位

276

3 技术工作要点

3.1 生态修复规划

区内侵蚀现象严重，长期干旱和短期暴雨作用强烈，原生植被稀少，生长较差。区内存在自然村落，布局呈小聚合大分散形态，用地权属多而不明。总体而言，规划区现状环境复杂，影响因素多，采用传统规划手段来处理，无法对诸多因素的综合效应进行分析，并有较大误差。故本次生态规划引入 GIS 和 ENVI 技术分析规划区生态环境，对其自然生态系统和人工生态系统进行全面剖解，共涉及自然系统之地貌、水文、气象、植被和人工系统之村落、用地权属及性质、矿场、农田八类因素，以期更为多元化、综合性了解现状，为生态修复规划提供根源性和立体性支撑（图14、图15）。

3.2 水源与种植规划

水源是生态修复工程和未来风景区管理中最为重要的问题。风景区内大部分山地只能通过植被恢复和蓄积雨水来解决水源问题。风景区内的种植设计包括三大功能，第一是水土流失治理，主要集中在侵蚀沟谷两侧；第二是风景林的建设，形成立体的乔、灌、草结构；第三是与旅游项目相关的种植设计（图16～图29）。

3.3 旅游规划

西山风景区内现状主要景观是传统农业，缺乏景观吸引力，经济收益欠佳。因此，景区规划制定了发展观光农业的旅游发展策略。在地势平坦的地带突出干旱区牧草场的植物景观，在特色产业上引入葡萄酒业旅游度假项目，同时结合养生养老、运动休闲、文化教育、矿坑利用和绿色产业等方面内容，形成与西山风景区生态基地高度融合的休闲度假产业体系（图30～图34）。

3.4 与主城区用地的织补

靠近西山风景区的地段是赤峰的城郊接合部，发展滞后。通过西山风景区的建设可以带动该区域的发展。具体措施包括将城市路网和给水等市政基础设施向风景区内延伸，将部分原规划景区用地调整为城市公园绿地，风景区的旅游接待区建设在靠近主城区的一侧，便于交通连接。这样通过景区与郊区用地的织补，使得城市土地利用效率和景区投资都得到提升（图35～图42）。

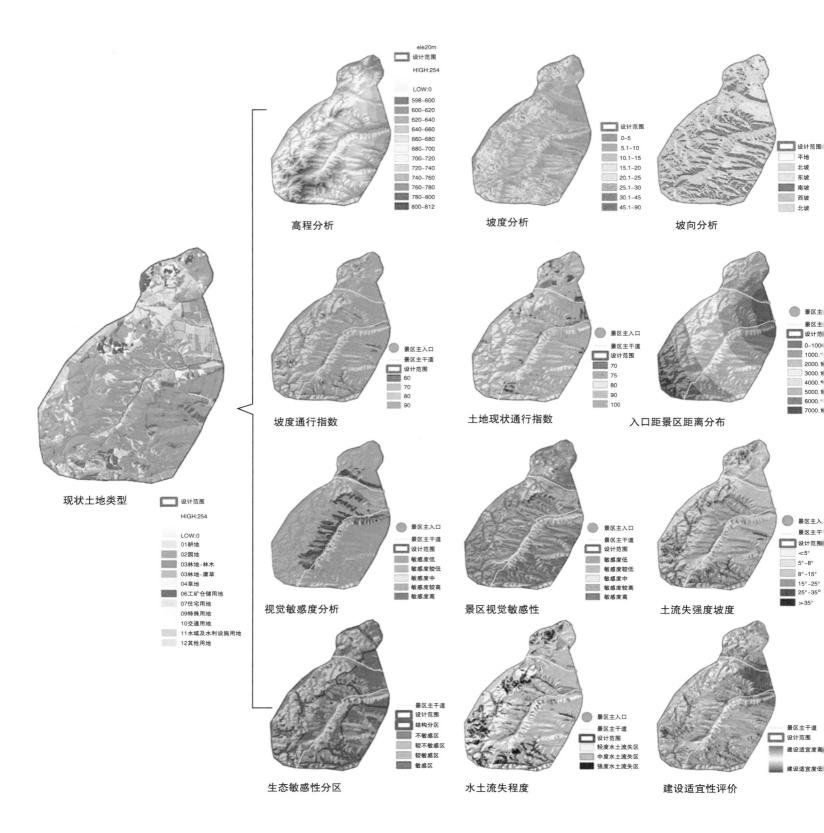

生态基底

生态因子提取叠加

高程分析

坡度分析

坡向分析

现状土地类型

坡度通行指数

土地现状通行指数

入口距景区距离分布

视觉敏感度分析

景区视觉敏感性

土流失强度坡度

生态敏感性分区

水土流失程度

建设适宜性评价

图 14　西山风景区用地适宜性分析图

评价结果

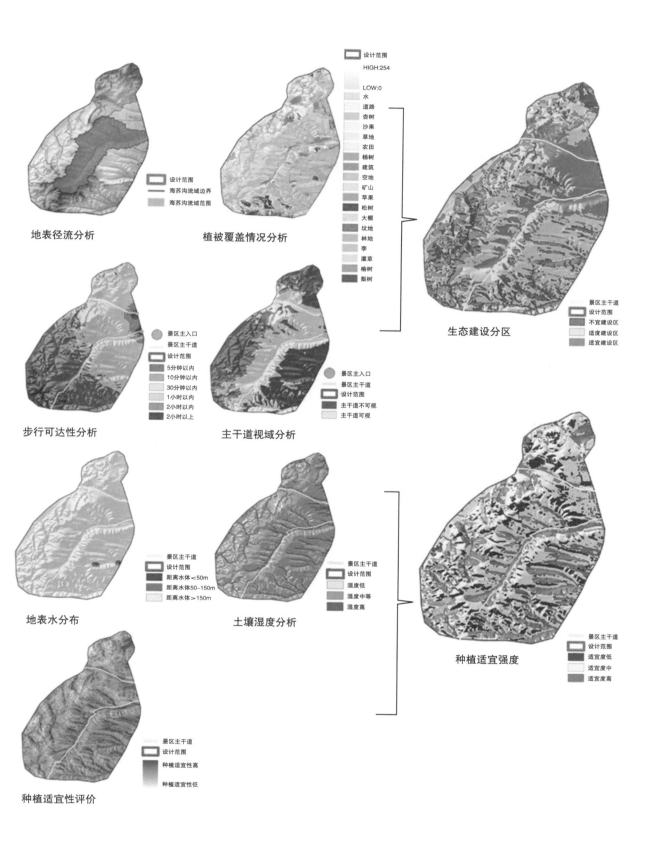

设计范围
HIGH:254
LOW:0
水
道路
杏树
沙果
草地
农田
杨树
建筑
空地
矿山
苹果
松树
大棚
坟地
林地
李
灌草
榆树
梨树

地表径流分析

设计范围
海苏沟流域边界
海苏沟流域范围

植被覆盖情况分析

生态建设分区

景区主干道
设计范围
不宜建设区
适度建设区
适宜建设区

步行可达性分析

景区主入口
景区主干道
设计范围
5分钟以内
10分钟以内
30分钟以内
1小时以内
2小时以内
2小时以上

主干道视域分析

景区主入口
景区主干道
设计范围
主干道不可视
主干道可视

地表水分布

景区主干道
设计范围
距离水体<50m
距离水体50-150m
距离水体>150m

土壤湿度分析

景区主干道
设计范围
湿度低
湿度中等
湿度高

种植适宜强度

景区主干道
设计范围
适宜度低
适宜度中
适宜度高

种植适宜性评价

景区主干道
设计范围
种植适宜性高
种植适宜性低

4 生态修复规划

生态因子

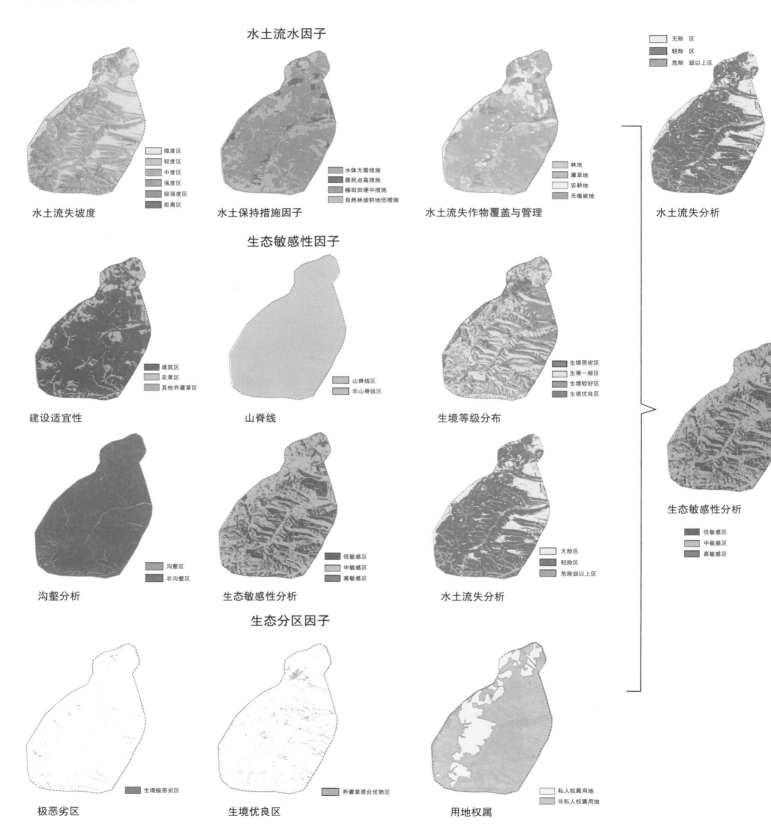

水土流水因子

水土流失坡度
- 微度区
- 轻度区
- 中度区
- 强度区
- 极强度区
- 距离区

水土保持措施因子
- 水体无需措施
- 居民点高措施
- 梯田田埂中措施
- 自然林坡耕地低措施

水土流失作物覆盖与管理
- 林地
- 灌草地
- 农耕地
- 无植被地

水土流失分析
- 无险 区
- 轻险 区
- 危险 级以上区

生态敏感性因子

建设适宜性
- 建筑区
- 农果区
- 其他乔灌草区

山脊线
- 山脊线区
- 非山脊线区

生境等级分布
- 生境恶劣区
- 生境一般区
- 生境较好区
- 生境优良区

生态敏感性分析
- 低敏感区
- 中敏感区
- 高敏感区

沟壑分析
- 沟壑区
- 非沟壑区

生态敏感性分析
- 低敏感区
- 中敏感区
- 高敏感区

水土流失分析
- 无险区
- 轻险区
- 危险级以上区

生态分区因子

极恶劣区
- 生境极恶劣区

生境优良区
- 乔灌草混合优势区

用地权属
- 私人权属用地
- 非私人权属用地

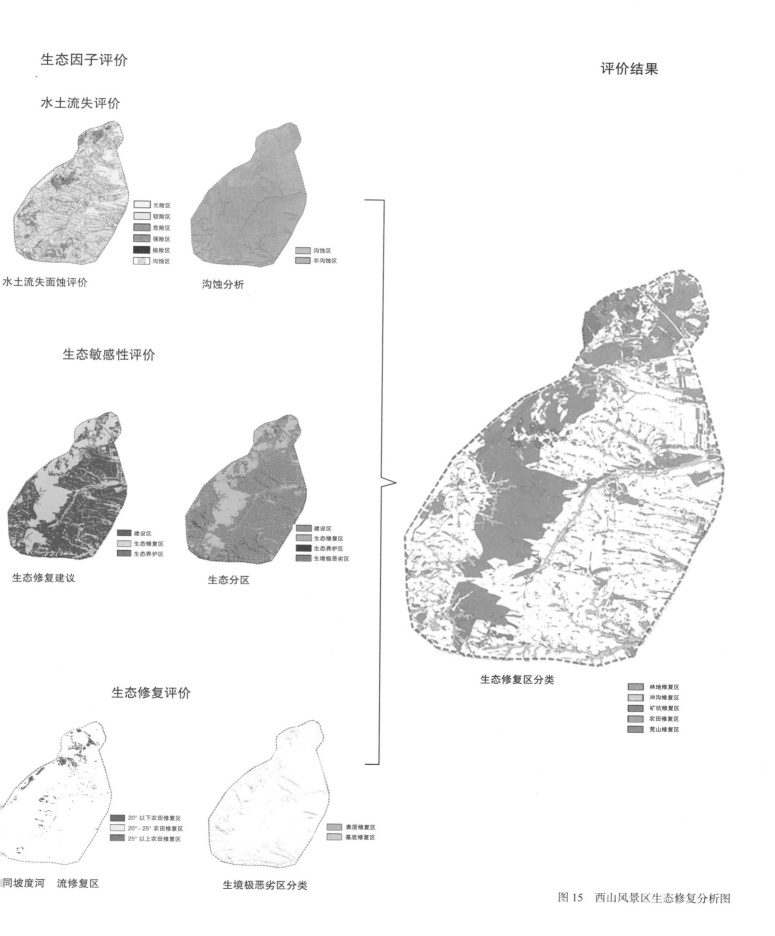

生态因子评价

水土流失评价

无险区
较险区
危险区
强险区
极险区
沟蚀区

水土流失面蚀评价

沟蚀区
非沟蚀区

沟蚀分析

生态敏感性评价

建设区
生态修复区
生态养护区

生态修复建议

建设区
生态修复区
生态养护区
生境极恶劣区

生态分区

生态修复评价

20°以下农田修复区
20°~25°农田修复区
25°以上农田修复区

同坡度河　流修复区

表层修复区
基底修复区

生境极恶劣区分类

评价结果

生态修复区分类

林地修复区
冲沟修复区
矿坑修复区
农田修复区
荒山修复区

图15　西山风景区生态修复分析图

5 种植规划

5.1 树种规划技术路线

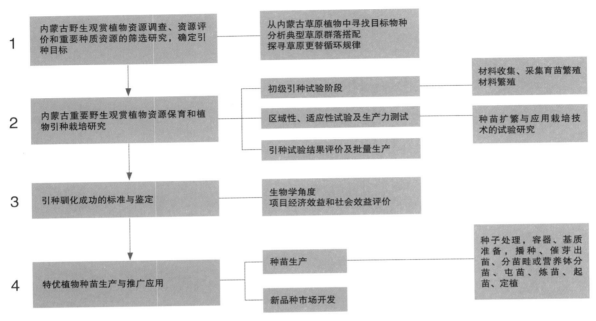

图 16 树种规划技术路线分析图

5.2 植物选择

选择对土壤要求不严、耐贫瘠、耐干旱、抗性强的乡土植物。

图 17 蒙古栎   图 18 大扁杏   图 19 胡枝子   图 20 葡萄

图 21 沙棘   图 22 柠条   图 23 酸枣   图 24 耐旱牧草

（图 17 ~ 图 24 来自网络）

植物选择表   表1

分类	品种	海拔（m）	坡向	pH
乔木	油松	<2800		
	落叶松	<1200		
	樟子松	<900		喜酸性或微酸性土壤
	云杉	海拔较低	阳坡、半阳坡	酸性、微酸性
	圆柏	<2300		微酸性土及微碱性土
	侧柏	<1500	阳坡、半阳坡	酸性、中性、石灰性、轻盐碱土壤
	银杏	<3000	阳坡	5～6
	刺槐	<2100		中性、石灰性、酸性、轻度碱性
	国槐	<1000		土壤要求不严，较耐瘠薄
	紫穗槐	<126		
	白桦			
	赤峰杨	1800以下	阳坡、半阳坡	6～8
	蒙古栎	600以下	阳坡、半阳坡	中性至酸性
	旱柳	1300	阴坡、半阴坡	6～8
	梓树	2500		
	五角枫	1500		中性、酸性及石灰性
	栾树	2600		微酸性、碱性
	糖槭	1000		5.5～7.3
	臭椿	2000	阴坡、半阴坡	中性、酸性及钙质土
	枫杨	1500		
	家榆	1000		
	山楂	1500		
	胡桃楸	1000	阳坡	5～6.5
	蒙椴	800	阳坡	
	龙桑			4.5～7.5
	火炬树			
	碧桃			要求土壤肥沃、排水良好
灌木	文冠果	2260		
	榆叶梅			中性至微碱性
	小叶锦鸡儿			
	山桃	1450	阳坡	中性至微碱性
	胡枝子	2000		
	胡颓子			中性、酸性和石灰质
	丁香			
	珍珠梅			
	连翘		阳坡	
	金银木			
	卫矛			
	黄刺玫			对土壤要求不严
	红瑞木	45		
	绣线菊	3000		
	大扁杏	1000	阳坡、半阳坡	6～6.5
	仁用杏			
	沙棘	800～3600	阳坡	9
	柠条			
	枸杞			

6 水源规划

6.1 水资源规划技术路线

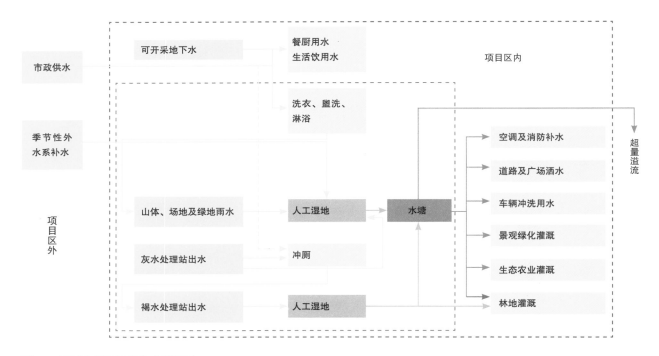

图 25　园区水资源规划技术路线图

6.2 区域调水系统

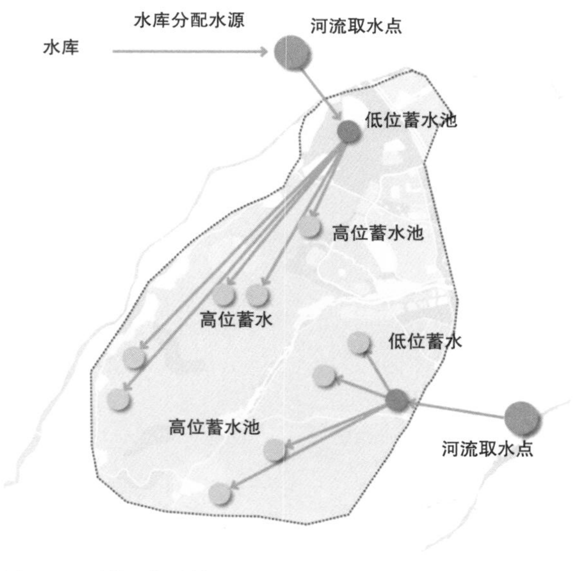

图 26　区域调水系统平面图

6.3 雨水收集系统

图 27　区域雨水收集系统分析图

6.4 提水规划

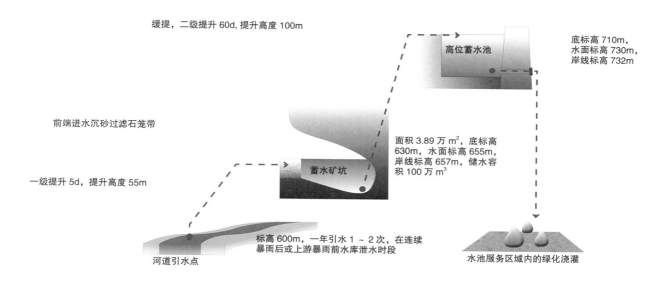

图 28　区域调水系统模式图

6.5 水窖规划

6.6 利用现状沟壑进行雨水收集

海苏沟纵向沿途设置蓄水拦截溢流堰，分段蓄水，分区用水。

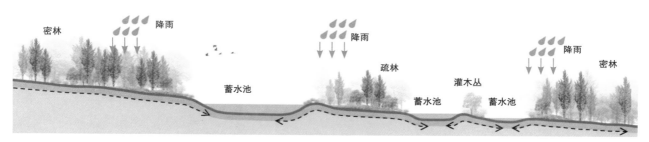

图 29　雨水收集剖面示意图

7 发展规划

7.1 开发模式

城乡统筹的近郊风景区。

图 30　开发模式示意图

7.2 "1+6" 建设模式

1生态基底板块 +6风景旅游发展板块。

图 31　建设模式示意图

7.3 建设经济估算

7.3.1 农业种植效益分析

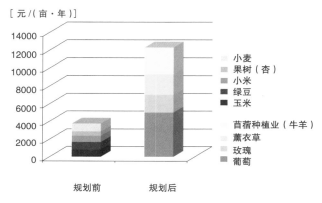

图 32　农业种植效益分析图

7.3.2 家庭（5口之家）年收入估算对比分析

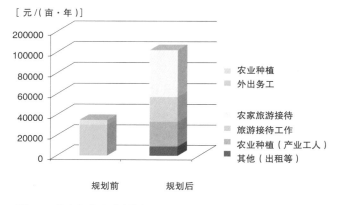

图 33　家庭年收入分析图

8 旅游规划

葡萄庄园小镇与旅游产业互动发展模式

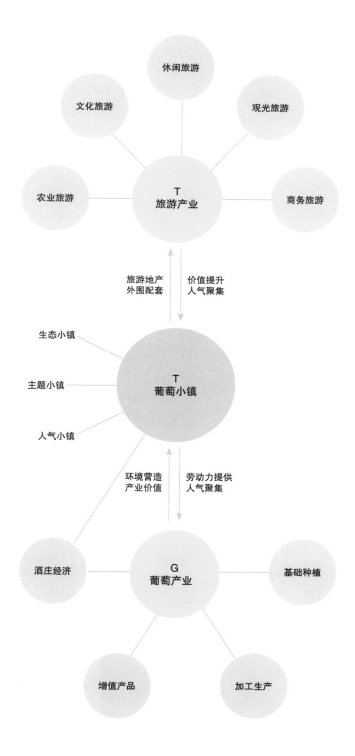

图 34　葡萄庄小镇发展框架图

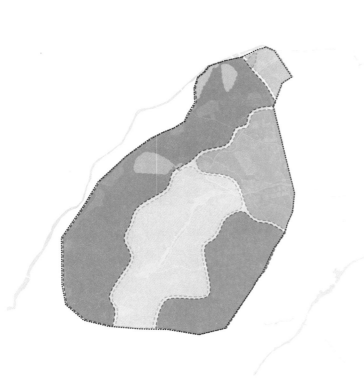

图 35　西山风景区功能分区

图 36　西山风景区交通规划

图 37　葡萄园意向（图片来自网络）

图 38　牧草场意向（图片来自网络）

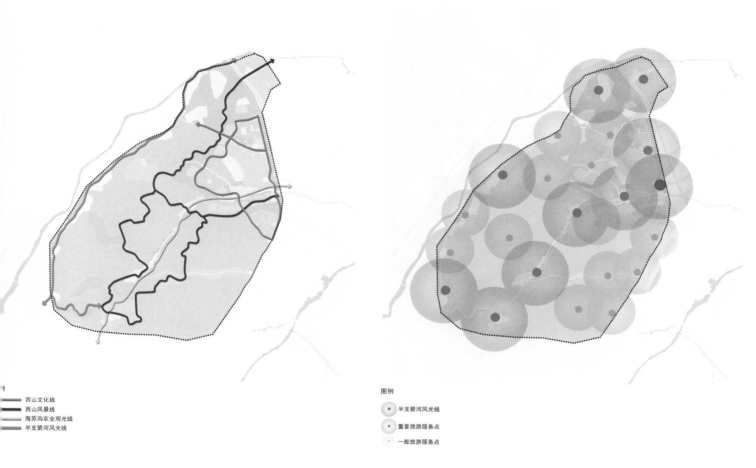

图 39　西山风景区特色游线规划

图 40　西山风景区旅游设施规划

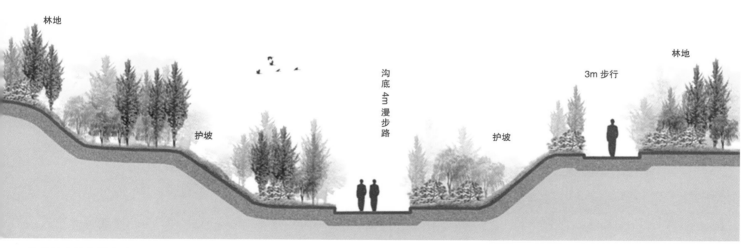

林地　　　　　　　　　　　　　　　　　　　　　　　林地

护坡　　沟底4m漫步路　　　　护坡　　3m 步行

图 41　海苏沟底特色漫步路

9 用地规划

图例
- 居住用地
- 行政办公用地
- 教育科研用地
- 商业服务业设施用地
- 道路与交通设施用地
- 公园绿地
- 村庄建设用地
- 水域
- 公共管理与公共服务设施用地
- 文化设施用地
- 体育用地
- 其他服务设施用地
- 公用设施用地
- 防护绿地
- 安保用地
- 农林用地

图 42　赤峰西山风景区用地规划图

10 小结

　　我国北方农牧交错地带普遍存在森林资源被破坏的情况，使城市环境受大风、风沙、洪水、高温等恶劣气候影响。本项目将防护林绿化工程与精细化的景观林营造工程相结合，将城市建设用地拓展和旅游项目开发与森林草原植被修复相结合，将由国家单独投资的森林恢复工程与民间资本的吸收结合起来，使规划设计成果的科学性、操作性和精确度更高。此外，GIS 及 ENVI 等先进技术的使用，不仅使得大尺度复杂地貌的景观规划工作更加准确高效，也为水利部门后期的小流域治理提供了更方便的数字工作平台。

项目获奖情况

　　2013 年 12 月荣获内蒙古自治区城市规划编制优秀成果二等奖

唐山南湖公园水系景观规划设计

时间：2008 ～ 2010 年

地点：河北省唐山市

面积：6.3km²

图例

二类居住用地	其他公共设施用地	供电用地
行政办公用地	一类工业用地	农田用地
商业金融用地	二类工业用地	村镇建设用地
市场用地	三类工业用地	交通设施用地
文化娱乐用地	仓储用地	市政公共设施用地
商住混合用地	公园绿地	教育科研设计用地
供水用地	街头绿地	广场用地
创意园区	生产及防护绿地	

图1　南湖公园在南湖生态城中的位置

项目背景

唐山市滨临渤海，是河北省著名的工业城市，以煤炭、水泥、燃气机车和陶瓷工业而闻名于世。2008 ～ 2020 年唐山市总体规划确定"北优南进"的发展战略，将中心城区南部的 33km² 的地块纳入唐山市中心区，称其为南湖生态城（图1）。

建设前的南湖水域由大大小小十几个水泡子构成。这些水泡子是开滦煤矿集团采煤作业区内的塌陷坑，里面平常所见的积水是雨水和采煤疏干水。目前部分塌陷坑还在沉陷，尚需十数年才能稳定。唐山市的几条地震断裂带也在这个地区穿过，1976 年唐山 7.8 级大地震的震中就在规划区内的小南湖公园地下，该次地震也导致了采煤区的大量坍塌。因此，南湖地区作为工业废弃地，规划前这里主要用于城市垃圾填埋和热电厂废煤矸石的堆放。

南湖公园的总规划面积 6.3km²，水域面积超过公园面积的 80%，南湖公园内的水系是唐山市环城水系的核心，其水域面积达 5km²，周边绿地面积为 1.3km²。公园建成后，市政府将其申报为省级风景名胜区。

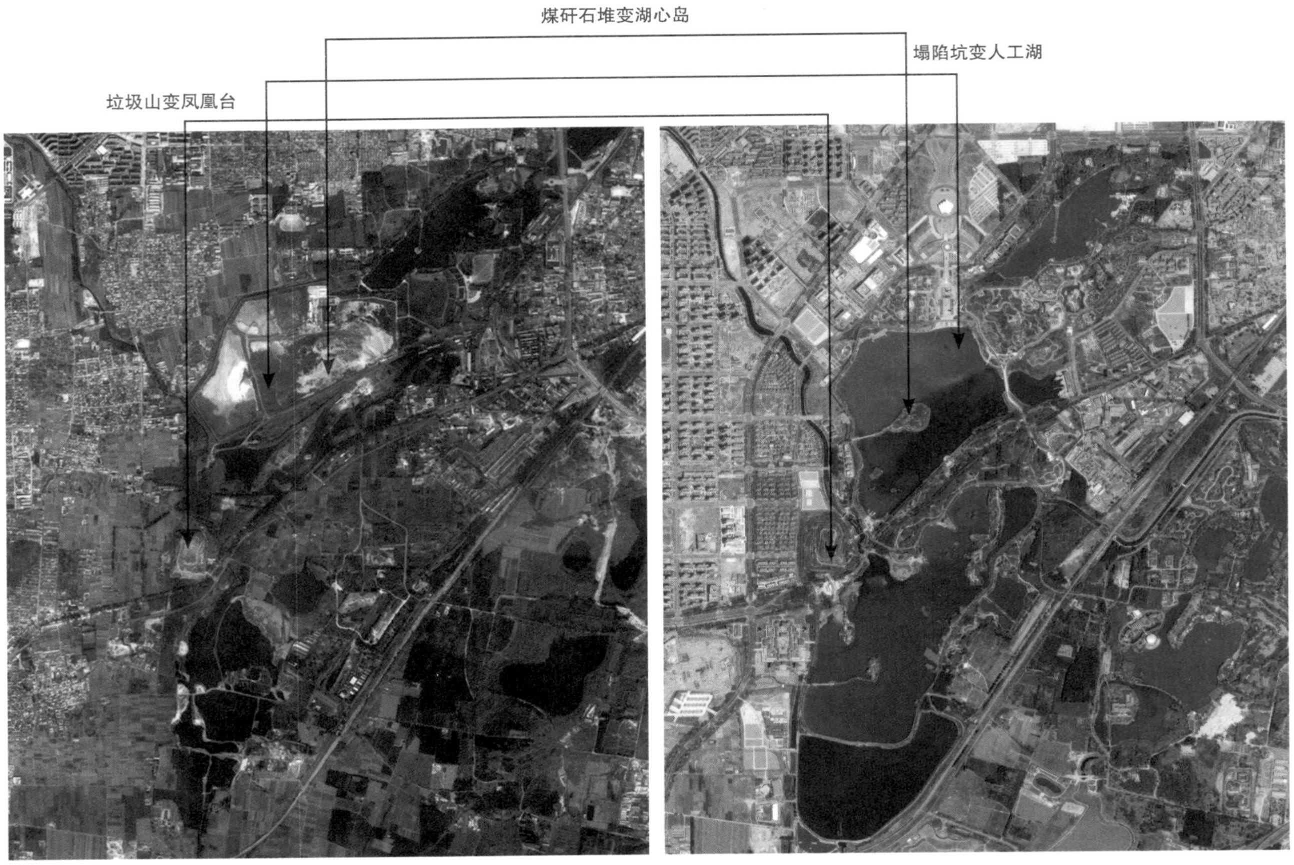

图 2　2006 年南湖生态城卫星照片

图 3　2017 年 5 月南湖生态城卫星照片

规划要点

南湖公园风景园林规划是典型的生态修复类项目，本项目花费大量心血将地质灾害、工业废弃地和城市垃圾填埋场等问题与风景园林规划设计结合起来（图 2、图 3）。

规划要点如下：

（1）要解决采煤塌陷、地震带来的地质安全问题。南湖公园水面的大小需要根据沉降区的范围确定，不稳定沉降的护岸安全问题是需要慎重处理的一个技术难点。

（2）处理城市垃圾堆场。场地中高达 50m 的大垃圾山，经过处理后变成了公园内的制高点，名为凤凰台，登临可鸟瞰整个南湖公园，并与市区内的大城山隔湖相望。

（3）处理热电厂排放的 800 万吨粉煤灰、煤矸石。这些废料部分由当地建材厂回收，剩下的用于公园铺路及堆筑岛屿。

（4）最后是在生态学理论指导下，将南湖生态城的滨水区城市设计与城市棕地和废弃地改造整合在一起，形成最终的南湖公园风景园林规划方案。

图 4 约 80 万 m³ 的粉煤灰山

图 5 50m 高的垃圾山

图 6 大采煤塌陷坑

1 场地现状情况

1.1 场地基本情况

南湖生态城总占地面积 37.5km²，其用地的中部是南湖公园，经多专业协同规划后，划定公园占地面积为 6.3km²。在用地内有已经建成多年的小南湖公园，公园内绿树成荫。其他用地大部分为塌陷坑、粉煤灰和煤矸石堆放场、垃圾填埋场。其中，粉煤灰和煤矸石堆放场占地面积约 60%，塌陷坑和垃圾填埋场占地面积约 20%，其他还有少量的荒地和林地（图 4 ～图 6）。

1.2 地震断裂带的避让

唐山市的地质构造属"新华夏构造体系"，位于华北地台燕山沉降带南缘，昌黎台凸和蓟县台凹的过渡地带。由于燕山运动的强大作用，使古生代及其以前的地层受强烈的挤压破坏，形成总体走向为 NNE 向的新华夏系构造体系，由一系列的复式背向斜断层和平行断层组成，褶皱强烈，断层发育。影响本区断裂构造的因素主要有唐山断裂、唐山矿断裂带、Fo 断裂和北部的陡河断裂，另有一些规模较小、走向各异的次级断裂。本项目是 1976 年 7 月 28 日震惊中外的唐山大地震的震中所在地（图 7）。南湖规划划区和 9 条地震断裂带相关，构造类型为雁列式断裂带、活动断裂带、一般断裂带，依据《建筑抗震设计规范》GB 50011—2001 的相关规定，应划定避让主断裂带的控制带。

1.3 采煤塌陷区地基稳定情况

根据图 9 中橙色区域的显示，南湖生态城内有大约 18km² 的土地属于采煤沉降区，其中有 3km² 的土地近期可以稳定，10 年后有将近 8km² 的土地可以稳定，20 年后用地中部基本稳定，但南侧低洼地区仍处于沉降状态（图 8）。

2 南湖生态城水系规划

为了开发大南湖区域，唐山市政府重新规划了城市水系，形成了以南湖为生态核心的"环形水系"，详细情况参见前面介绍的唐山市水系景观规划。南湖生态城区域内的水系规划情况如下：

2.1 规划区内湖泊洼地的利用

南湖生态城规划区内有五处相对集中的湖泊洼地，其中四个是采煤塌陷坑（图9）。规划将利用这些现状塌陷坑为主要的水域用地，南湖公园利用的主要是六号、八号两个坑，六号坑的沉降基本稳定，八号坑仍在沉降之中。为了解决两个塌陷坑的补水问题，在用地东部挖通了一条与陡河相连的人工渠道，可以在缺水时从陡河水库调水。

2.2 规划区内的主要河道

在区内有一条青龙河，流域面积约180km²，从西北侧流入六号坑，再进入八号坑，向南侧流后转向西南方向流出规划用地，最后东转流入陡河（图9）。青龙河是一条严重污染并且缺水的河道，为解决这个问题，在其上游修建了污水厂，污水厂的出水经青龙河后，先经过人工湿地，再注入六号坑，使进入南湖公园主湖的水质得到保障。在南湖生态城内还有一条人工挖掘的运河——煤河。该河是清末挖掘的煤运河的一部分，向西流入丰南区，其上游可与八号坑相连。

2.3 南湖公园内水系维护

规划后的南湖水系由小南湖、南湖1号库和2号库三个相对独立、高差不等的水域构成，由青龙河串联在一起。其中小南湖新开挖一个出水口，通过人工挖掘的河道与青龙河连通（图10）。南湖公园的水系有四种类型的水源，第一个是中水，通过青龙河注入；第二个是雨水，主要在汛期收集城市雨水，雨水来路包括雨水管网和青龙河两个主要途径；第三个是陡河水库调水，通过东部挖掘的连通渠引至规划区内；第四个是采煤疏干水，即正在开采的煤矿排出的地下水。

定型后的南湖水域湖底不是等深的浅水湖，伴随着正在发生的沉陷，平均水深会逐步加深，其蓄水容积会逐步加大直至沉降稳定。据测算，在原六号坑和八号坑基础上扩大的湖体在基本稳定后，其年调蓄能力接近1000万m³。南湖水域辽阔，水深较深，生长有大量的湿生植物，生物栖息环境优越，对城市雨水和中水具有很强的自净作用。经过一段时间的运行管理，南湖公园的水域没有出现严重的水华现象。

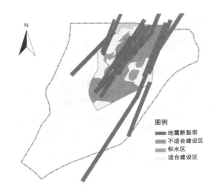

图7 南湖生态城中的地震断裂带

图8 南湖生态城20年后稳定区域图

图9 南湖生态城规划前水系分析图

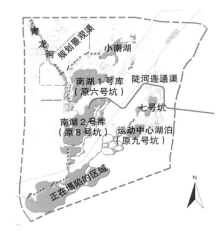

图10 南湖生态城规划后水系分析图

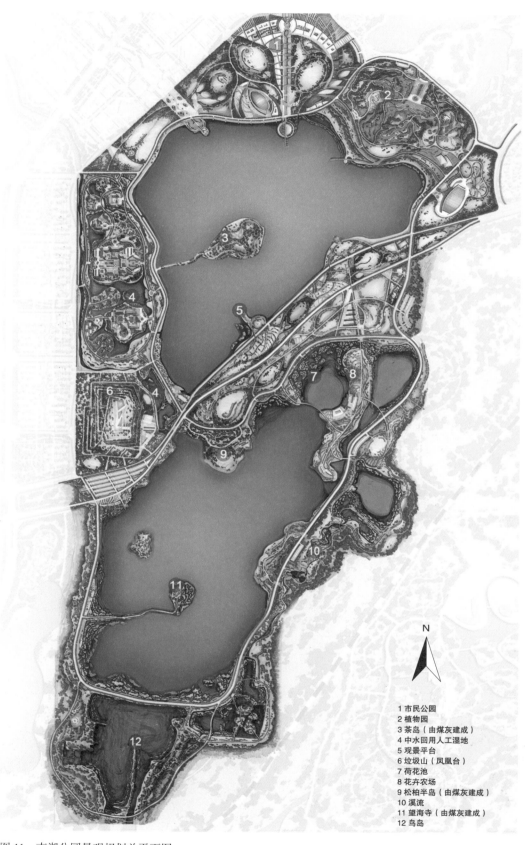

N

1 市民公园
2 植物园
3 茶岛（由煤灰建成）
4 中水回用人工湿地
5 观景平台
6 垃圾山（凤凰台）
7 荷花池
8 花卉农场
9 松柏半岛（由煤灰建成）
10 溪流
11 望海寺（由煤灰建成）
12 鸟岛

图 11　南湖公园景观规划总平面图

图 12　建成后的南湖湖公园鸟瞰（摄于 2012 年 10 月 30 日）

图 13　站在由垃圾山改造的凤凰台上鸟瞰南湖（摄于 2010 年 10 月）

3　南湖公园风景园林总体规划

　　南湖公园的水系轮廓是经过与南湖生态城的生态格局分析、城市设计、水系设计和塌陷区的划定等工作整体设计确定下来的（图 11 ~ 图 13）。因此说，南湖公园的边界轮廓及内部水域的形态是多专业整体设计的结果，是复杂科学与文化艺术结合的产物。

　　南湖公园南北长、东西窄，平面呈楔形，被唐胥公路和铁路分成南北两个园区。北园是主要的游览区，由市民广场、植物园、青龙河人工净化湿地、品茗岛、凤凰台（原垃圾山）等景点构成，由于靠近老城区，游客量较大，规划留出了大片的绿地，水域与绿地的面积各占一半。南园大部分区域仍在沉降，其功能以水源涵养为主。主要景点有莲花荡、雪松半岛、鸟岛和望海寺等。南北两园根据水深划定可以进入的水上娱乐区，但南北两园之间不能水上通航。湖岸边有一条环形主路将两园连接在一起。

4　垃圾山变凤凰台

　　规划用地内的垃圾填埋场从 1986 年开始启用至今，占地面积约 147 亩，形成高逾 50m 的垃圾山，总填埋垃圾量约 450 万吨，已经不可能再运走，必须就地封存（图 14 ~ 图 18）。就地封存需要处理以下几个问题：

图14 经包裹绿化后的垃圾山（摄于2010年10月05日）

图15 用防渗材料包裹垃圾山

图16 用植生袋加固垃圾山边坡

图17 形成台地，种植浅根系植物

图18　远观凤凰台夜景照片（摄于2009年10月）

（1）边坡太陡，影响堆体稳定性，存在失稳隐患。

（2）渗沥液收集导排系统堵塞严重，导致大部分渗沥液直接从边坡溢出，渗沥液污染浓度较高。

（3）没有良好的渗沥液处理设施，存在对地表水、地下水及周围土壤的污染隐患。

（4）不能有效收集导排与处理填埋气体，存在爆炸隐患。

（5）缺乏规范的封场覆盖，导致渗沥液产量增加。

（6）环境监测点不足。

　　垃圾山包裹的处理办法包括增设渗沥液收集导排与处理系统，进行堆体边坡修复，增设填埋气体收集导排与处理系统，按规范设置封场覆盖系统，完善地表水收集导排系统，根据填埋场技术规范增设监测井。

　　风景园林师与垃圾处理市政设计师共同完成了垃圾山的包裹设计，建设好的垃圾山被起名为凤凰台，其寓意为凤凰涅槃，表达人们对唐山市震后复兴的美好期待。

5 生态护岸设计

在唐山南湖的项目中，由于土壤承载力不足，并且持续发生沉降，有些湖岸只能采取打木桩的方式来稳定道路基础或防止护岸坍塌。这个项目中采用柳木密排桩挡土，桩内侧是反滤的碎石，然后是从周围砍下的有萌芽能力的柳木桩，柳木桩由柳条编织起来，形成挡土的栅栏，后面是人工回填的种植土，上面种植了人工草坪，有些地方布置了木栈道，在施工完之后的第二年，柳树桩发芽，长成了茂盛的树丛（图19）。

图19　柳条和石笼生态护岸照片

6 煤矸石堆的处理

南湖公园内的大量煤矸石是唐山热电厂烧煤发电的产物，在这里堆积成山。处理这些煤矸石的基本思路是废物再利用，减少环境污染。具体方法包括建材厂回收做成铺地砖、公园内修筑路基和护岸等基础部分的填充物，还有一部分就地碾压成为筑岛材料（图20～图22）。

图20　粉煤灰制砖　　　　　　　图21　煤矸石被用于铺筑路基

图22　用煤矸石填筑的品茗岛（摄于2009年10月）

7 景观绩效分析

　　唐山南湖公园建成后，经美国风景园林基金组织（LAF）测定，公园内树木每年减少 CO_2 约 2828 吨，相当于每年减少道路上的客车 555 辆；为 7 种国家 2 级保护动物提供生境，改善了两栖类动物、爬行类动物、哺乳类动物及鸟类的城市生物多样性；唐山市的极端最低气温升高 3 ～ 4℃，极端最高温度降低 3 ～ 4℃；至少给公园附近的 10 万名居民提供 15 分钟可达的公园设施；南湖片区土地增值至少 1000 多亿元；至 2015 年，南湖区域将吸纳 40 万居民，产生住房需求约 480 亿元，新增消费品零售总额约 80 亿元（图 23 ～图 25）。

图 23　南湖公园吸引大量的鸟类来这里栖息（摄于 2009 年 10 月）

图24　南湖公园里游玩的人们（摄于 2009 年 10 月）

南湖公园的建成令唐山百姓非常满意。人们从四面八方都可进入公园，也不用担心出入口排队的问题。泛舟湖上，喝酒聊天，俨然"神仙"生活，再也不用担心人挨人、人挤人地逛公园了，几万人在南湖公园里都不会觉得拥挤。今天，唐山南湖已经成为新的城市名片，作为电影《唐山大地震》的取景地，在人们心中，南湖公园不仅是招待亲戚朋友的好地方，还是唐山市凤凰涅槃的见证之地。

图 25　站在凤凰台上回望唐山老城

项目获奖情况

国际奖项

2011 年 1 月荣获国际风景园林师联合会亚太地区（IFLA-APR）风景园林规划类杰出奖

2011 年 5 月荣获第八届意大利托萨罗伦佐（Torsanlorenzo）地域改造园林设计类一等奖

2011 年 10 月荣获英国景观行业协会（BALI）国家景观奖的国际奖

2012 年 6 月荣获欧洲建筑艺术中心绿色优秀设计奖（Green Good Design）

国内奖项

2009 年 7 月荣获 2008 年度河北省优秀城乡规划编制成果评选三等奖

2012 年 12 月荣获华夏建设科学技术奖市政工程类三等奖

2013 年 10 月荣获中国风景园林学会优秀规划设计奖三等奖

唐山市与南湖公园相关的获奖情况

2010 年 10 月，南湖公园荣获 2010 年度"中国最佳休闲中央公园"奖项

2009 年 12 月，南湖生态城被全国旅游景区质量等级评定委员会评定为国家 4A 级旅游景区

2009 年 10 月，南湖公园被授予首批"全国生态文化示范基地"

2009 年 9 月，南湖公园被河北省旅游局评为"河北最美 30 景"

2009 年 7 月，南湖生态城被联合国人居署授予"HBA·中国范例卓越贡献最佳奖"

2004 年 7 月，南湖生态城荣获迪拜国际改善居住环境最佳范例奖

城市水景观规划设计研究团队在北京清华同衡规划设计研究院合影（摄于 2013 年 11 月）

编后语

本书的编写具有一定的偶然性。在 2011 年，风景园林中心总工办安排整理生态护岸的资料，在整理过程中发现，如何判断是否应该做生态护岸，选择哪种工法设计护岸，并不是一件简单的工作。于是就请到北京水务局总工朱晨东老师，他在 1990 年代开始研究生态治河，在国内是这一领域的先行者，在奥林匹克森林公园水系设计时就指导过设计工作。经过几次培训之后，风景园林中心的设计师们不仅熟悉了如何设计生态护岸，而且对中国城市水系存在的生态问题有了一定程度的认识，深深感觉到景观设计图上那一抹蓝色河水可真的不简单。大家对自己在城市水文方面的知识缺陷有了新的认识，对过去在与水务部门配合工作中出现的种种不愉快的原因也找到了答案，设计师们学习水文、水利和水生态的积极性非常高涨。于是，风景园林中心在 2013 年搞了个小型学术研讨会，讨论我们这些年实践过的城市水景观规划项目，聘请了清华大学河流研究所的钟德钰教授，北京爱尔斯水生态构建公司的武学军总工和本书中的主要专家们，与会专家们分享了大坝的生态问题、国家流域管理、河流的生境恢复、海绵城市等很多涉水方面的科学知识，风景园林中心的设计师们也分享了水景观设计的工作体会。会后各位专家一致认为，我们在清华这个多学科支撑的平台上，能有机会获得比较好的项目，应该及时整理实践经验，进行相关领域的研究，形成阶段性的科研成果。

这本书的编写也有一定的必然性。目前国家非常重视水生态文明建设，城市水利的投资力度也日益加大，非常需要优秀的风景园林设计团队能参加到水利工程建设中来。但是如何开展工作，各地政府和开发商还不是很清楚，而清华同衡规划设计研究院的水景观规划实践，正好为我国城市水务建设和水景观资源开发提供了参考经验。于是，这本书就被提到议事日程上来，我们选择了 20 余个重点项目，从 2014 年起，相关项目的设计负责人开始整理资料。在 2016 年，向院里申请了软科学研究课题，这本书获得了一笔出版经费，并得到了院级专家的指导，院里还聘请了北京林业大学的梁伊任教授作为本书的编委，使得这本书的质量得到更好的保障。

2017 年进入了本书的最后写作阶段，并最终交于出版社，在辛苦之余体会到浓浓的幸福感，因为数百名设计师十余年的努力工作所获得的智慧成果，最终能够以图书的形式留传于世。在图书即将付梓之时，内心突然感觉到很大的压力，因为城市水景观背后的知识实在太渊博，我们这些一线设计师写出来的文章恐怕难以满足读者的要求。书已经写完了，北京清华同衡规划设计研究院也决定将其出版，不管怎样，相信看到的人一定会有所收获，也盼望那些读到这本书的人能从一张张图纸中看到风景园林师在祖国大地上辛勤工作的身影。

本书编委
2017 年 11 月 12 日

图书在版编目（CIP）数据

蓝绿交织 山水融城——城市水景观规划设计理论、方法与案例 / 胡洁，韩毅编著. — 北京：中国建筑工业出版社，2018.9
ISBN 978-7-112-22467-8

Ⅰ. ①蓝… Ⅱ. ①胡… ②韩… Ⅲ. ①城市—理水（园林）—景观设计 Ⅳ. ①TU986.4

中国版本图书馆CIP数据核字(2018)第165339号

责任编辑：杜　洁　兰丽婷
责任校对：王　瑞

清华同衡系列专著

蓝绿交织　山水融城——城市水景观规划设计理论、方法与案例

胡洁　韩毅　编著

*

中国建筑工业出版社出版、发行（北京海淀三里河路9号）
各地新华书店、建筑书店经销
北京富诚彩色印刷有限公司印刷
*

开本：965×1270毫米　1/16　印张：20　字数：326千字
2018年9月第一版　2018年9月第一次印刷
定价：180.00元
ISBN 978-7-112-22467-8
（32332）